Francisca Lagunes Olivares
Jorge Eduardo Cobos Velasco
Israel Estrada García

Evaluación de la calidad sanitaria del queso asadero

Francisca Lagunes Olivares
Jorge Eduardo Cobos Velasco
Israel Estrada García

Evaluación de la calidad sanitaria del queso asadero

Comercializado en Huejutla de Reyes. Hidalgo

Editorial Académica Española

Imprint

Any brand names and product names mentioned in this book are subject to trademark, brand or patent protection and are trademarks or registered trademarks of their respective holders. The use of brand names, product names, common names, trade names, product descriptions etc. even without a particular marking in this work is in no way to be construed to mean that such names may be regarded as unrestricted in respect of trademark and brand protection legislation and could thus be used by anyone.

Cover image: www.ingimage.com

Publisher:
Editorial Académica Española
is a trademark of
Dodo Books Indian Ocean Ltd. and OmniScriptum S.R.L publishing group

120 High Road, East Finchley, London, N2 9ED, United Kingdom
Str. Armeneasca 28/1, office 1, Chisinau MD-2012, Republic of Moldova, Europe
Printed at: see last page
ISBN: 978-613-9-43679-8

AGRADECIMIENTOS A LOS AUTORES Y COLABORADORES

Deseo expresar mi más profundo agradecimiento a la Ingeniera Diana Laura Hernández Maldonado por su valiosa contribución en la parte experimental de este libro. Su dedicación, conocimientos y esfuerzo han sido fundamentales para el desarrollo y la calidad de esta obra. Su compromiso y profesionalismo han enriquecido significativamente el contenido, y su apoyo ha sido indispensable para lograr los objetivos propuestos.

Muchas gracias por su colaboración y por compartir su experiencia con nosotros.

Índice

Índice de tablas

Índice de figuras

EVALUACIÓN DE LA CALIDAD SANITARIA DEL QUESO ASADERO COMERCIALIZADO EN EL MERCADO MUNICIPAL DE HUEJUTLA DE REYES, HGO.

Resumen

El presente trabajo se realizó con el objetivo de evaluar la calidad sanitaria del queso asadero comercializado en el mercado municipal de Huejutla de Reyes, Hgo; mediante la realización de análisis microbiológicos empleados para la detección de diferentes indicadores de la calidad sanitaria, como: Coliformes totales, Bacterias Mesófilas Aerobias, Coliformes Fecales, Hongos y Levaduras, *Escherichia coli* y *Salmonella spp*; comparando los resultados obtenidos con la NOM-121-SSA1-1994 para identificar el contenido microbiano de las diferentes muestras. Se colectaron muestras de queso asadero, de cinco queserías seleccionadas aleatoriamente, provenientes de 3 lugares de Veracruz (Ozuluama, Tempoal y Tantoyuca). Los datos se analizaron mediante un análisis de varianza (ANOVA) y por comparación de medias por el método Tukey. Los resultados obtenidos por la fórmula de Fisher en tablas indicaron un valor de 2.591, el cual se utilizó para los tres tratamientos, modificándose solo los valores calculados por dicha tabla. Después de comparar dichos resultados con los de la tabla Fisher se determinó que en dos de los tratamientos si existieron diferencias entre los resultados con las queserías y con la prueba Tukey se determinó con el uso de literales que no existían diferencias realmente significativas entre cada una de las medias. Una vez ejecutada la comparación de medias, finalmente se realizó la comparación de los límites microbiológicos permisibles de la NOM-121-SSA1-1994 con los resultados del análisis de ANOVA y se determinó que en el 100% de los resultados de las pruebas superaron los límites marcados, indicando así que aunque los quesos provienen de un mismo proveedor, pueden existir factores externos que afecten la calidad sanitaria del queso, que van desde el transporte, almacenado y por ultimo las condiciones de higiene en el establecimiento por parte del vendedor.

xi

Palabras clave: Evaluación, Queso asadero, Calidad sanitaria, Coliformes totales y Coliformes fecales.

EVALUATION OF THE SANITARY QUALITY OF ASADERO CHEESE
MARKETED IN THE MUNICIPAL MARKET OF HUEJUTLA DE REYES,
HGO.

Abstract

The present work was carried out with the objective of evaluating the sanitary quality of the asadero cheese commercialized in the municipal market of Huejutla de Reyes, Hgo; by carrying out microbiological analyzes used to detect different indicators of sanitary quality, such as: Total Coliforms, Aerobic Mesophilic Bacteria, Fecal Coliforms, Fungi and Yeasts, Escherichia coli and Salmonella spp; comparing the results obtained with NOM-121-SSA1-1994 to identify the microbial content of the different samples. Asadero cheese samples were collected from five randomly selected cheese factories from 3 places in Veracruz (Ozuluama, Tempoal and Tantoyuca). The data is analyzed by means of an analysis of variance (ANOVA) and by comparison of means by the Tukey method. The results obtained by the Fisher formula in tables indicated a value of 2,591, which was obtained for the three treatments, modifying only the values calculated by said table. After comparing these results with those of the Fisher table, it was prolonged that in two of the treatments there were differences between the results with the cheese factories and with the Tukey test, it is prolonged with the use of literals that there were no really significant differences between each one of them the stockings. Once the comparison of means was carried out, the permissible microbiological limits of NOM-121-SSA1-1994 were finally compared with the results of the ANOVA analysis and it is prolonged that 100% of the test results exceeded the marked limits, thus indicating that although the cheeses come from the same supplier, there maybe external factors that affect the sanitary quality of the cheese, ranging from transport, storage and finally the hygiene conditions in the establishment by the seller.

Key words: Evaluation, Asadero cheese, Sanitary quality, Total coliforms and Fecal coliforms.

I. Introducción

El queso asadero, se considera como un queso fresco de pasta cocida con cierta elasticidad, que al separarse tiene forma hilada. Al formar estos hilos, se enrolla dándole forma característica de bola, motivo por el cual se le conoce también como "queso de bola".

Actualmente, es sabido que la demanda de este producto ha ido incrementando por ser un alimento que se utiliza en una amplia variedad de platos típicos locales y regionales, además de su versatilidad y facilidad de adquirir en mercados, por un precio accesible al público.

Sin embargo, no siempre el hecho de comprar local implica menor riesgo a la salud. El queso asadero, al ser mayormente comercializado en mercados locales, puede generar cierta incertidumbre sobre si los vendedores cumplen con las regulaciones sanitarias establecidas. Debido a esto, se realizó el presente trabajo, para conocer la calidad sanitaria del queso asadero que se comercializa en el mercado municipal de Huejutla de Reyes, Hgo y determinar si los quesos representan o no un riesgo al consumidor.

El presente proyecto se divide en capítulos, los cuales citan el orden en el cual se ejecutó cada parte del trabajo:

En el capítulo II, se describen los antecedentes de la empresa, así como datos e información histórica de la misma, además de información sobre diferentes trabajos previos relacionados con los objetivos del proyecto. En el capítulo III, se describe con más detalle la problemática del proyecto y como se pretende solucionar en base al objetivo general. En el capítulo IV, se describen algunos conceptos que son importantes para tener una idea general del rumbo de la investigación, ofreciendo una explicación más detallada al lector de lo que se quiere encontrar. En el capítulo V, se describen las hipótesis o argumentos a comprobar o refutar de acuerdo a los resultados obtenidos en las pruebas microbiológicas, tomando en cuenta una hipótesis nula, en caso de no encontrar diferencias o una hipótesis alternativa, la cual establece que si hay diferencias entre lo establecido con la normatividad vigente. En el capítulo VI, se describe la metodología empleada para hacer el muestreo aleatorio de las queserías, la descripción del diseño experimental utilizando el software estadístico Spss Statistics, y la guía de cómo realizar cada análisis microbiológico de acuerdo a normas oficiales mexicanas. Finalmente, en el capítulo VI, se colocan los resultados de cada prueba dependiendo si fueron en Caja Petri (UFC/gr) ó en tubos de ensaye (NMP/gr), además, de realizar la comparación de cada análisis con los límites permisibles marcados en la NOM-121-SSA1-1994 y comparando los resultados de otros trabajos relacionados con el estudio de la calidad sanitaria en el queso asadero.

II. Antecedentes

2.1 Trabajos Previos

Realizando una búsqueda en los archivos de memorias de estadía de la UTHH, se encontraron proyectos relacionados con la calidad microbiológica de distintos productos alimenticios, sin embargo, no se hallaron registros de algún trabajo que consistiera exclusivamente en la calidad sanitaria del queso Asadero o como mayormente se conoce "queso de bola".

Mas, sin embargo, investigando en distintas fuentes bibliográficas, se encontraron proyectos similares al análisis microbiológico en queso asadero.

Quiroga, Borrego, Janacua, Olguín (2017, p. 1) en su investigación, "Evaluación de la calidad microbiológica del queso asadero elaborado y comercializado en Villa Ahumada, Chihuahua, México" mencionan que los quesos elaborados de forma artesanal con leche cruda o no pasteurizada, son factores que facilitan el desarrollo de microorganismos patógenos, generando un producto de mala calidad, siendo esto una causante de riesgo para la salud de los consumidores.

Por otro lado, Idarraga, Delgado, León, Osorio (2018, p. 1) mencionan que, el queso ofrece un medio ideal para el desarrollo de microorganismos patógenos y presencia de otros contaminantes, lo cual, asociado con prácticas inadecuadas de producción y manufactura, lo convierten en un alimento que puede ser de alto riesgo, especialmente para sub-poblaciones susceptibles como mujeres embarazadas, pacientes inmunocomprometidos, niños y adultos mayores.

III. Planteamiento del problema

En la actualidad, el queso se considera un producto alimenticio ampliamente conocido y comercializado en todo el mundo. El queso asadero, es un queso fresco, típico mexicano de pasta hilada, con alto contenido de proteínas y agua, cuya venta constituye una de las actividades económicas más importantes del municipio de Huejutla de Reyes, Hgo.

El queso es un producto altamente susceptible al crecimiento de microorganismos patógenos, lo que implica un riesgo para la salud de los consumidores, ocasionando al mismo tiempo pérdidas económicas a los vendedores locales. A pequeña escala de producción, la regla general es el empleo de leche cruda proveniente de animales sanos. Aunque en ocasiones se desconoce si en el proceso se cumplieron con las correctas condiciones sanitarias en que fueron elaborados y almacenados; ya que, si se descuida esta calidad, es probable que los productos se contaminen con microorganismos alterantes, dañando su estabilidad o con microorganismos patógenos, siendo los más frecuentes la *S. aureus, Salmonella spp, E. coli, y L. monocytogenes.*

Debido a que las patologías asociadas a transmisión alimentaria son muy comunes y son producidas por la ingestión de productos contaminados por microorganismos o de toxinas bacterianas presentes en los alimentos, la realización de este proyecto está enfocado en cuantificar la calidad sanitaria del queso asadero que se comercializa en el mercado municipal de Huejutla de Reyes, Hgo; esto con la finalidad de comparar los resultados del muestreo realizado, con los límites microbiológicos permisibles establecidos en la NOM-121-SSA1-1994.

3.1 Justificación

Una buena calidad higiénico-sanitaria de un producto debe ser óptimo desde el punto de vista nutritivo y sanitario. La calidad del queso para el consumidor se basa en su composición, sabor y también en su conservación afectada por el tratamiento térmico de la leche, de la calidad de los cultivos, del manejo de la cuajada durante el procesamiento, de la temperatura de almacenamiento, y su distribución.

Otro punto importante de la calidad sanitaria en alimentos es la realización de análisis microbiológicos para determinar si hay presencia de bacterias nocivas para la salud. Durante el procesamiento del queso, los microorganismos indicadores de mayor relevancia son: mesófilos aerobios, hongos y levaduras, coliformes totales, coliformes fecales, *S. aureus, E.coli* y *Salmonella;* los cuales indican si el producto no es seguro para el consumo.

Aquí cobra importancia radical, el control sanitario que aplican las instituciones dedicadas a supervisar la calidad sanitaria de los alimentos. Por tal razón, es importante que los productores y consumidores conozcan los riesgos potenciales que involucra su comercialización, con la finalidad de proteger a la población más vulnerable a padecer intoxicaciones alimentarias.

Con los resultados obtenidos de este trabajo, se pretende proteger la salud del consumidor, poniendo al descubierto si los vendedores locales de queso ofrecen productos que cumplan con las especificaciones adecuadas y ofrecer una guía para que distintas empresas adopten las medidas y precauciones necesarias en dicho producto.

3.2 Objetivos de la investigación

3.2.1 Objetivo general

Evaluar la calidad sanitaria del queso asadero comercializado en el mercado municipal de Huejutla de Reyes, Hgo; mediante la realización de análisis microbiológicos que permitan conocer los límites máximos de contenido microbiano de acuerdo a normatividad vigente.

3.2.2 Objetivos específicos

* Investigar los principales indicadores microbiológicos de la calidad higiénica de los quesos.
* Realizar un diseño experimental que permita evaluar si existen diferencias significativas de calidad sanitaria entre los distintos puntos de venta del queso asadero.
* Aplicar un muestreo de los principales puntos de venta del queso asadero en el mercado municipal de Huejutla de Reyes, Hgo.
* Llevar a cabo análisis microbiológicos en queso asadero, de acuerdo a los parámetros establecidos en la NOM-121-SSA1-1994.
* Realizar un análisis comparativo de los resultados obtenidos en las pruebas, con los límites permisibles de acuerdo a la normatividad vigente.

3.3 Metas

* Exponer los resultados obtenidos de la comparación de pruebas microbiológicas en queso asadero con los límites permisibles en base a la NOM-121-SSA1-1994, mediante la publicación de un artículo científico.

IV. Fundamentos teóricos

4.1 Queso

El queso es un alimento sólido que se obtiene por maduración de la cuajada de la leche animal una vez eliminado el suero; sus diferentes variedades dependen del origen de la leche empleada, de los métodos de elaboración seguidos y del grado de madurez alcanzada. Puede producirse a partir de la leche cuajada de vaca, cabra, oveja, búfala, camella, mamíferos rumiantes (Wikipedia, 2020).

4.1.2 Quesos en México

Actualmente, existen entre 20 y 40 variedades de quesos mexicanos a lo largo del territorio nacional, entre los cuales destacan: adobera, asadero, bola, Chihuahua, chongos, de cincho, cotija, epazote, fresco, hoja, jocoque, morral, Oaxaca, panela, requesón, poro, rueda, sierra, sopero, trenzado.

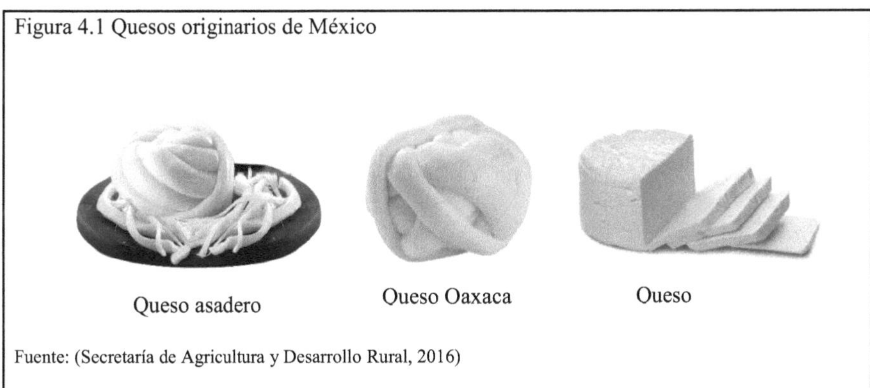

Figura 4.1 Quesos originarios de México

Fuente: (Secretaría de Agricultura y Desarrollo Rural, 2016)

Cabe añadir que la elaboración de los quesos mexicanos genuinos implica tres procesos: coagulación o cuajado de la leche, deshidratación del coágulo o cuajada, y la maduración de esta a lo largo de cierto tiempo, bajo condiciones ambientales especificas según la variedad de queso ("Quesos con denominación de origen", 2018).

4.1.3 Información nutrimental

Desde el punto de vista nutricional, el queso es considerado como un alimento de alto valor nutritivo, debido a la cantidad y tipo de proteínas, cantidad de grasa, cantidad y proporción en que se encuentran el calcio y el fósforo y la cantidad de vitamina A (Revilla, 2000).

Tabla 4.1 Información nutrimental del queso fresco por 100 gramos

Valor energético	1223 kj / 294 kcal
Grasas	22.2 g
de las cuales ácidos grasos saturados	13.1 g
Hidratos de carbono	0.22 g
de los cuales azúcares	0.22 g
Proteínas	23.4 g
Sal	1.2 g

Fuente: (Quesos *El Bosqueño*, 2022)

El queso fresco tiene aproximadamente unas 294 Kcal por cada 100 gramos de queso consumido, de modo que se presenta como un alimento perfecto para todas aquellas personas que deseen bajar de peso o que lleven una dieta baja en calorías (Anónimo, 2020).

4.1.4 Clasificación de quesos

Existen diferentes clasificaciones de queso. La siguiente clasificación se basa en el grado de maduración del queso.

Quesos frescos

Los quesos frescos son aquellos en los que la elaboración consiste únicamente en cuajar y deshidratar la leche. Esto hace que tengan sabores suaves y texturas poco consistentes. A estos quesos no se les aplican técnicas de conservación adicionales, por lo que aguantan mucho menos tiempo sin caducar.

Estos no tienen maduración. Se consumen al finalizar la fabricación (Askora "Alimentación y Servicios", 2008).

Quesos curados

El curado de los quesos consiste en el añejamiento de los mismos, en un proceso en el que se secan y adicionalmente se aplican técnicas de conservación, como el salado o el ahumado. El tiempo necesario de maduración es de 45 a 105 días (según pese más o menos de 1,5 kg).

El proceso de curado hace que obtenga una textura bastante más dura y seca, así como que se incremente la intensidad de su sabor, propiedad muy deseada entre los amantes del queso.

Existen distintas variantes de curado para un mismo queso, catalogándolos normalmente como tiernos, semicurados y curados (Askora "Alimentación y Servicios", 2008).

Quesos viejos

El queso curado viejo es aquel cuyo periodo de curación es superior a los 7 meses. Gracias a su mayor dureza, ofrece un sabor más intenso que los quesos curados o semicurados. Entre los aportes nutricionales que presenta se encuentra: materia grasa, eficaz para la energía y proteínas, hierro, calcio, zinc, fósforo, vitamina A, B, D y E (Anónimo, 2001).

Quesos añejos

Un queso añejo tiene un periodo de curación igual o superior a los 12 meses, por lo que es un queso ideal para los paladares más exigentes con sabores profundos y aromas pronunciados. Su proceso de maduración les hace ser unos quesos más secos gracias a su corteza natural. Tiene una textura firme, y tradicionalmente se elabora con leche de cabra, aunque es más frecuente encontrarlo a base de leche de vaca (Anónimo, 2021).

La consistencia del queso la determina su humedad. La siguiente clasificación se basa en el porcentaje de humedad del queso sin tener en cuenta su grasa: %HSMG (también se denomina %HQD) o, lo que es lo mismo, porcentaje de humedad del queso desnatado ("Totformatge",2020).

Quesos blandos: Tiene más del 65% de humedad. Como el Queso Pirámide de Cabra.

Quesos semi-blandos: Tienen entre 60% y 65% de humedad. Como el Queso Gouda

Quesos semi-duros: Tienen entre 55% y 60% de humedad. Como el Queso Gruyere.

Quesos duros: Tienen entre 50% y 55% de humedad. Como el Queso Sbrinz.

Quesos extra duros: Tiene menos del 50% de humedad. Como un Parmesano extra viejo.

4.1.5 Composición microbiana del queso

Los microorganismos que conforman la microbiota final del queso pueden proceder de diferentes fuentes. Entre otras, destacan la adición intencionada como parte del cultivo iniciador; su presencia de manera natural en los ingredientes empleados en la elaboración del queso, o también, el entorno de ordeño o fabricación del queso y los materiales empleados. (García, Fresno, Virto, Amores y Aranceta (2020)).

El proceso de producción del queso se debe, en gran parte, a la acción fermentativa de determinados microorganismos beneficiosos. Se tratan de bacterias ácido-lácticas que pertenecen, principalmente, a los géneros *Lactobacillus spp.*, *Leuconostoc spp.* y *Lactococcus spp* (Sanz, 2021).

Lactobacillus spp. es un género de bacterias Gram-positivas con forma de bacilo, *Leuconostoc spp.* es un género formado por bacterias Gram-positivas con forma de coco que normalmente se distribuyen formando cadenas y *Lactococcus spp.* es un género de bacterias Gram-positivas con forma de coco que suelen aparecer agrupadas por pares o formando cadenas cortas. Todos ellos son microorganismos anaerobios facultativos, no son esporulados y son los responsables de la fermentación láctica que da lugar a la formación del queso a partir de la leche.

Las bacterias ácido-lácticas pueden ser homofermentativas o heterofermentativas. Las homofermentativas producen lactato a partir de lactosa y las heterofermentativas metabolizan la lactosa y producen lactato, acetato, etanol y CO2. En cualquier caso, la fermentación láctica produce ácido láctico, el cual contribuye a disminuir el pH, dando lugar a una serie de cambios:

- Se produce la solubilización del calcio y el fosfato, desestabilizando las micelas de caseína y afectando a la textura del queso.
- Aumenta la retención de sal en el cuajo, afectando al sabor y a la sinéresis del cuajo e interfiriendo en el crecimiento de microorganismos.
- Influye en la vida útil del queso, según su pH y actividad de agua.
- Previene el crecimiento de microorganismos patógenos y alterantes, debido a la acidificación del medio y a la acción de las bacteriocinas.

4.1.6 Etapas para la elaboración de queso asadero

Al elaborar el queso asadero con leche pasteurizada contribuimos al mejoramiento de la calidad sanitaria del mismo, así como a la disminución de los tiempos de fabricación y la mejora del manejo de la leche (Esquivel y Santos, 1996).

Preparación de la leche

Previamente al comienzo de la fabricación de queso es necesario tener una leche homogénea, con parámetros óptimos para la obtención del queso que se trate de fabricar.

Entre los tratamientos se tienen:

- **Filtrado.** Tiene como finalidad el eliminar las impurezas visibles tales como pelos, partículas de excremento, partículas de polvo, etc.
- **Pasteurización.** Generalmente se aplica una pasteurización caracterizada por aplicar altas temperaturas por un corto tiempo, o por sus siglas en inglés HTST (High Temperatura Short Time), durante 72°C/15 s, aunque existen fábricas artesanales que pasteurizan la leche a 63°C/60 s. (Medina, 1987).

Adición de cloruro de calcio

La leche al pasteurizarse pierde calcio debido al calentamiento. El calcio es necesario para obtener una buena textura del queso, indispensable para el queso asadero. Para reponer el calcio perdido se recomienda agregar 15 g de cloruro de calcio por cada 100 litros de leche.

Maduración de la leche

Para la elaboración del queso asadero se recomienda incorporar un cultivo mixto que contenga los siguientes microorganismos: *St. lactis, St. cremoris y St. diacetilactis.*

El nivel mínimo aceptable para este queso es cuando el microorganismo desarrolla 4°D a partir de la acidez inicial, esto puede suceder entre 0.5 a 1 hora.

Ajuste de acidez

Para la elaboración del queso los microorganismos son necesarios porque desarrollan acidez. Los mejores resultados se obtienen cuando la leche cuaja a 37°D. Esta acidez se puede lograr dejando que la leche madure hasta que el microorganismo la produzca, pero aumentaría el tiempo en el proceso. Otra forma consiste en agregar ácido, el cual puede ser el mismo que desarrollan los microorganismos (ácido láctico) u otro más barato como lo es el ácido acético (vinagre) concentrado.

Cuajada de la leche

Una vez que la leche está a 37°D de acidez y a 34-36°C de temperatura, se procede a cuajar. Para conocer la cantidad de cuajo se utiliza la siguiente formula:

ml de cuajo = Litros totales de leche x 0.1

La cantidad de cuajo a agregar, se diluye en 6 veces su volumen con agua. Se adiciona a la leche y se agita para que se distribuya en la misma. Posteriormente, se deja cuajar entre 30-35 minutos.

Cortado

Se realiza con el objeto de favorecer la salida del suero de la cuajada mediante la división del coágulo en porciones pequeñas.

Para realizar el corte, se utilizan las liras. Generalmente, el corte de la cuajada se hace de la siguiente manera: se coloca la lira (con los hilos a 1 cm), con los hilos en forma vertical a lo largo y a lo ancho de la tina; después se gira la lira con los hilos en forma horizontal y se corta de nuevo a lo largo y ancho de la tina. El cortado de la cuajada debe realizarse lentamente con el fin de no deshacer el coágulo.

Desuerado y trabajo del grano

El desuerado consiste en la separación de la parte sólida de la leche (cuajada) del suero. Se realiza generalmente agitando los granos de cuajada junto con el suero, con el objetivo de acelerar el desuerado e impedir la adherencia de los granos, así como posibilitar un calentamiento uniforme.

Calentamiento de la cuajada

La cuajada se pasa a la marmita, en trozos pequeños de aproximadamente $\frac{1}{4}$ de kg. Calentado a una temperatura tal, que en el centro de la cuajada se alcancen de 53-55°, manteniéndola durante el proceso de fundido; removiendo constantemente con una pala.

Amasado

Se estira el queso sobre la mesa de acero inoxidable, formando tiras de aproximadamente 5 cm de ancho. Una vez que la tira se enfría (aproximadamente 1 hora), se voltea una sola ocasión y así se logra enfriar de ambos lados. Después de que la tira está completamente fina, se procede a hacer la bola o madeja, que puede variar de 3 a 5 kg.

Salado

Después del estirado del queso, se incorpora la sal en cada una de las tiras.

4.1.7 Microorganismos patógenos y alterantes que pueden colonizar el queso

Los microorganismos indicadores de la calidad microbiológica del queso asadero son principalmente hongos, levaduras, coliformes, y bacterias psicrófilas. Estos microorganismos producen un sabor a moho y a veces amargo, que hacen la cuajada quebradiza y que se queden flotando en la superficie. Debido al método de elaboración del queso asadero y su alto grado de manipulación, se analiza también la presencia de *Staphylococcus aureus*, que es un microorganismo patógeno.

Aunque existe un número considerable de informes con respecto a la seguridad microbiológica del queso de leche cruda, este problema es todavía controversial. En general, los quesos frescos se consideran microbiológicamente inseguros debido a la presencia de patógenos ya sea en la materia prima, en leche cruda o a la contaminación durante el proceso de manufacturación del queso tradicional. Castellanos, Gómez, Parra, Neiza y Rodríguez (2016).

Los microorganismos que se encuentran más frecuentemente en quesos se detallan a continuación:

Staphylococcus aureus

Este género está formado por bacterias Gram positivas, aerobias facultativas que crecen mejor entre 35 a 40°C, aunque muchas especies pueden crecer a 45°C. Dentro del género Staphylococcus está la especie aureus que es muy importante en la contaminación de alimentos (Forsythe y Hayes, 1998).

Este microorganismo vive con frecuencia en la membrana de la mucosa nasal y en la ubre de las vacas. El pH ácido, la elevada actividad del agua y la concentración de cloruro de sodio (NaCl) favorece el crecimiento de este organismo en el queso fresco. También produce enterotoxina B estafilocócica (SEB), la cual es responsable de la intoxicación alimentaria en los humanos. Diversos reportes demuestran la alta prevalencia de este patógeno en países de América Latina. México determinó prevalencias de 5,76 % de *Staphylococcus aureus* en 12 muestras de queso fresco. Castellanos, Gómez, Parra, Neiza y Rodríguez (2016).

Bacterias Aerobias

Las bacterias mesófilas aerobias son un grupo muy heterogéneo de microorganismos que tienen en común que su temperatura óptima de crecimiento es de 30-37°C y viven en presencia de oxígeno ("Microorganismos indicadores", 2014).

Son capaces de crecer y multiplicarse en agar nutritivo y se investigan por el método de recuento en placa, que se basa en contar el número total de colonias desarrolladas en una placa de medio de cultivo sólido (Agar para Recuento en Placa o PCA).

Mohos y levaduras

Describe hongos pluricelulares más desarrollados, que forman frutos especiales con células reproductoras, los denominados conidios o esporas. Se puede reconocer a simple vista los tenues filamentos o hifas ramificados y, a veces, los frutos o aparatos esporíferos, mientras que las esporas mismas sólo son visibles al microscopio (Demeter y Elbertzhagen, 1971). La aparición de mohos en quesos se desarrolla en el queso almacenado por varios días en condiciones inadecuadas. La presencia de moho en el queso puede provenir del aire o de prácticas inadecuadas de manufactura.

Por otro lado, las levaduras en los quesos son causa del metabolismo del ácido láctico que provoca un aumento del pH, lo que permite el crecimiento de bacterias responsables de la maduración de los quesos. Las levaduras se hallan en la corteza de quesos en proceso de maduración y en la pasta de quesos frescos de leche cruda.

Es de gran importancia cuantificar los mohos y levaduras en los alimentos, puesto que al establecer la cuenta de estos microorganismos, permite su utilización como un indicador de prácticas sanitarias inadecuadas durante la producción y el almacenamiento de los productos, así como el uso de materia prima inadecuada.

Coliformes

El grupo de los microorganismos coliformes es el más ampliamente utilizado en la microbiología de los alimentos como indicador de prácticas higiénicas inadecuadas.

Son los responsables de la hinchazón precoz en los quesos, que ocurre entre 24 y 48 horas después de la elaboración del queso, después del salado pero antes de la maduración. Estos microorganismos pueden proceder de la leche cruda, de tuberías, tanques, equipos, herramientas o falta de higiene por parte de los operarios (Sanz, 2021).

El uso de los coliformes como indicador sanitario puede aplicarse para:

- La detección de prácticas sanitarias deficientes en el manejo y en la fabricación de los alimentos.
- Evaluación de la eficiencia de prácticas sanitarias e higiénicas del equipo.
- La calidad sanitaria del agua y hielo utilizados en las diferentes áreas del procesamiento de alimentos.
- La demostración y la cuenta de microorganismos coliformes, puede realizarse mediante el empleo de medios de cultivos líquidos o sólidos con características selectivas o diferenciales (NOM-113-SSA1-1994).

Escherichia coli

Este microorganismo es miembro de la familia Enterobacteriaceae) que incluye diferentes géneros de interés sanitario (Salmonella, Shigella y Yersinia, entre otras). La mayoría de los aislamientos de *E. coli* no son considerados como patógenos, aunque pueden causar severas infecciones en personas inmunocomprometidas, en niños pequeños y ancianos. Ciertas cepas al ser ingeridas, pueden causar enfermedades gastrointestinales en individuos sanos (NOM-210-SSA1-2014).

Está presente en números elevados en las heces de animales y humanos, y es importante como indicador de la contaminación fecal en alimentos (Forsythe y Hayes 1998). Se caracteriza porque produce grandes cantidades de gas que causan la hinchazón de los quesos. Estas especies son habitantes normales del tracto intestinal del humano y de los animales, aunque también se encuentran en el suelo y agua.

Salmonella spp

Los miembros del género Salmonella han sido muy estudiados como patógenos cuando se encuentran presentes en los alimentos. El control de este microorganismo, tanto por parte de las autoridades sanitarias, como en las plantas procesadoras de alimentos, depende en cierta medida del método analítico utilizado para su detección (NOM-114-SSA1-1994).

Para diversos alimentos existen diferentes protocolos para el aislamiento de Salmonella, todos ellos son esencialmente similares en principio y emplean las etapas de preenriquecimiento, enriquecimiento selectivo, aislamiento en medios de cultivos selectivos y diferenciales, identificación bioquímica y confirmación serológica de los microorganismos.

Se ha reportado que la prevalencia de *Salmonella spp*. En la leche y sus derivados no pasteurizados se debe a factores como la contaminación de las manos del ordeñador, las heces de los animales, la contaminación del equipo de ordeño y las aguas contaminadas. Castellanos, Gómez, Parra, Neiza y Rodríguez (2016).

V. Hipótesis

En este proyecto el diseño experimental tiene por fundamento analizar diferentes muestras de queso asadero comercializado en el mercado municipal de Huejutla de Reyes, y realizar en ellos pruebas microbiológicas indicadas por la NOM-121-SSA1-1994; la cual establece las especificaciones sanitarias y nutrimentales que debe cumplir la leche, fórmula láctea, producto lácteo combinado y los derivados lácteos.

El estudio microbiológico del queso asadero normalmente se ve afectado principalmente por factores ambientales y fisicoquímicos. Por razones tecnológicas, los tratamientos térmicos son limitados para las leches de queserías. En la Huasteca potosina, es una práctica común elaborar el queso a partir de la leche cruda, lo que causa serios riesgos sanitarios para la población.

De todo lo anterior expuesto, se derivan las siguientes hipótesis, para obtener una futura comprobación o reprobación de la información y de los objetivos planteados en este proyecto.

Hipótesis 1 (hipótesis nula): No existen diferencias significativas de los resultados obtenidos en las pruebas microbiológicas del queso asadero, con los límites microbiológicos permisibles establecidos en la normatividad vigente.

Hipótesis 2 (hipótesis alternativa): Si existen diferencias significativas de los resultados obtenidos en las pruebas microbiológicas del queso asadero, con los límites microbiológicos permisibles establecidos en la normatividad vigente.

Dado que la hipótesis nula y alternativa es contradictoria, se deben examinar las pruebas para decidir si existen suficientes evidencias para rechazar o confirmar cualquiera de ellas.

VI. Desarrollo del proyecto

6.1 Metodología

El proyecto se realizó durante el periodo de Enero-Abril del año 2023, en el municipio de Huejutla de Reyes, Hgo, en las instalaciones de la Universidad Tecnológica de la Huasteca Hidalguense (UTHH). El trabajo se desarrolló en 3 etapas:

La primera, consistió en realizar un muestreo conglomerado completamente al azar, de los diferentes puntos de venta del queso asadero dentro del mercado municipal de Huejutla de Reyes, con el propósito de clasificar los distintos lugares que procesan el queso asadero.

En la segunda etapa, se realizaron los análisis microbiológicos de las 5 muestras de queso asadero provenientes de 3 distintos lugares (Ozuluama-Veracruz, Tantoyuca-Veracruz y Tempoal-Veracruz).

En la tercera parte, se realizó el análisis comparativo de los resultados obtenidos en las pruebas microbiológicas de los 5 quesos con los límites establecidos en la NOM-121-SSA1-1994. Todo esto, mediante un diseño estadístico completamente al azar que permita evaluar si existen diferencias significativas entre las medias y concluir si cumplen con la calidad sanitaria.

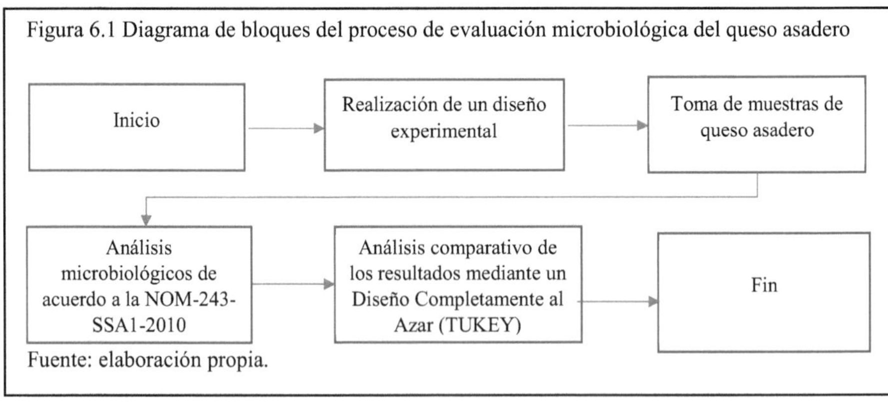

Figura 6.1 Diagrama de bloques del proceso de evaluación microbiológica del queso asadero

Fuente: elaboración propia.

6.2 Desarrollo

Para evaluar la calidad sanitaria del queso asadero comercializado en el mercado municipal de Huejutla de Reyes, Hgo; se realizaron las siguientes actividades:

6.2.1 Indicadores microbiológicos de la calidad higiénica de los quesos

Anteriormente, se mencionaron los principales microorganismos patógenos presentes en el queso fresco. Dentro del territorio nacional, se establece la NOM-121-SSA1-1994, la cual tiene como propósito, establecer las especificaciones sanitarias para los quesos: frescos, madurados y procesados; con el fin de reducir los riesgos de trasmisión de enfermedades causadas por este producto, así como propiciar que se procesen e importen productos que garanticen la calidad sanitaria de los mismos.

Tabla 6.1 Limites microbiológicos en quesos

Microorganismos	Límite máximo permitido		
	FRESCOS	**MADURADOS**	**PROCESADOS***
Coliformes fecales (NMP/g)	100	50	NEGATIVO
***Staphylococcus aureus* (UFC/g)**	1000	100	MENOS DE 100
Hongos y levaduras (UFC/g)	500	500+	100
Salmonella en 25 g	NEGATIVO	NEGATIVO	
***Listeria monocytogenes* en 25 gr**	NEGATIVO	NEGATIVO	

Nota: *Los quesos procesados no deberán contener más de 10000 UFC/g, de mesofílicos aerobios y un máximo de 10 UFC/g de *coliformes totales.*

Los valores de la tabla corresponden a los límites máximos permisibles de microorganismos patógenos e indicadores presentes en tres variedades de quesos: frescos, madurados y procesados. Para realizar el conteo de microrganismos en una muestra liquida o sólida, normalmente estos se miden en UFC/ gr o UFC/ mL (Unidad Formadora de Colonias), la cual se emplea para la cuantificación de microorganismos, es decir, para contabilizar el número de bacterias o células fúngicas viables.

6.2.2 Muestreo de los principales puntos de venta del queso asadero en el mercado municipal de Huejutla de Reyes, Hgo.

Las muestras de queso asadero fueron recolectadas de manera aleatoria dentro del mercado municipal de Huejutla de Reyes, Hgo.

Tabla 6.2 Presentación de las muestras de queso asadero

Procedencia del Queso Asadero	Queseria	Número de muestras
Ozuluama-Veracruz	"La virgencita" "Oly"	2
Tantoyuca-Veracruz	"Yazmin"	1
Tempoal-Veracruz	"Anita" "Los Rosales"	2

Cada lugar de procedencia de los quesos, se consideraron como tratamientos, dando un total de 3. Para tener mayor precisión en el muestreo y en los análisis, se decidió tomar dos muestras de la región de Ozuluama y Tempoal, ya que en el experimento fueron los lugares con mayor presencia en el mercado.

Se tomó solo una muestra de la región de Tantoyuca, debido a que es el lugar que menos se repetía comparado con los anteriores.

6.2.3 Descripción del diseño experimental

El objetivo preliminar del proyecto, es determinar la calidad sanitaria de los quesos comercializados en el municipio de Huejutla de Reyes en base a diversos análisis microbiológicos realizados de acuerdo a normatividad vigente. Más, sin embargo, fue necesario realizar al mismo tiempo un método estadístico que permitiera identificar y cuantificar los resultados comparándolos con los valores críticos y tomar la decisión de confirmar o rechazar la Hipótesis Nula y la Hipótesis Alternativa.

Esto puede ser obtenido a través del análisis de varianza (ANOVA) asociado bajo el modelo lineal. El análisis de varianza, es una técnica estadística, que permite analizar datos provenientes de un experimento aleatorio comparativo, fue ideado por R.A. Fisher, publicado en 1923.

Tabla 6.3 Diseño de ANOVA para un diseño completamente al azar

FV	SC	GL	CM	F_0	Valor-p
Tratamientos	$SC_{TRAT}=\sum_{i=1}^{k}\dfrac{Y^2_i}{n_1}-\dfrac{Y^2_{..}}{N}$	k-1	$SC_{TRAT}=\dfrac{SC_{TRAT}}{k-1}$	$\dfrac{CM_{TRAT}}{CM_E}$	$P\,(F > F_0)$
Error	$SC_E = SC_{T} - SC_{TRAT}$	N-k	$CM_E=\dfrac{SC_E}{N-k}$		
Total	$SC_T=\sum_{i=1}^{k}\sum_{j=1}^{ni}Y^2_{ij}-\dfrac{Y^2_{..}}{N}$	N-1			

Fuente: ("Análisis y diseño de experimentos", 2008)

El análisis de Varianza o ANOVA supone que la variable de respuesta se distribuye normal, con varianza constante (los tratamientos tienen varianza similar), y que las mediciones son independientes entre sí. Estos supuestos deben verificarse para estar más seguros de las conclusiones obtenidas.

Para confirmar el Análisis de Varianza, y cumplir con el objetivo deseado al realizar el experimento (encontrar el o los mejores tratamientos de las muestras de queso), es necesario realizar un procedimiento adicional, llamado Prueba de medias.

Existe una gran cantidad de pruebas de medias, pero quizá la más conocida es la prueba de Tukey. Esta prueba fue desarrollada por John W. Tukey. En esta prueba se calcula un valor llamado el comparador de Tukey, de la siguiente manera:

$$\mathbf{w} = q^* \sqrt{\frac{CME}{r}}$$

Donde:

q es un valor que se obtiene de una tabla (Tabla de Tukey), de manera parecida a la tabla de Fisher. Horizontalmente se coloca el número de los tratamientos y verticalmente los grados de libertad del error. Solamente existen tablas para niveles de significancia del 5% y del 1%. El término que está dentro de la raíz cuadrada se llama error estándar de la media y es igual al cuadrado medio del error (obtenido en el ANOVA), dividido entre el número de repeticiones.

Hipótesis en ANOVA

El objetivo del análisis de varianza en el Diseño Completamente al Azar es probar la hipótesis de igualdad de los tratamientos con respecto a la media de la correspondiente variable de respuesta:

Hipótesis Nula: No hay diferencias entre las medias de los diferentes grupos: $\mu 1 = \mu 2 = \mu 3 = \mu 4$; ó σ^2 ENTRE $= \sigma^2$ DENTRO

Hipótesis Alternativa: Al menos un par de medias es significativamente distintas la una de la otra.

Análisis estadístico mediante el software SPSS Statistics

SPSS es un programa estadístico informático que se aplica en las investigaciones de las ciencias sociales y en las ciencias aplicadas, pero también en el ámbito la de investigación de mercado. La base del software incluye estadísticas descriptivas como la tabulación y frecuencias de cruce, estadísticas de dos variables, además pruebas T, ANOVA y de correlación. Para el análisis de los resultados obtenidos de las pruebas microbiológicas que utilizan como valor UFC/gr, es decir, análisis que necesitaron del recuento de colonias en caja Petri, (Hongos y levaduras, coliformes totales y bacterias mesófilas aerobias), el programa Spss Statistics, permitió comparar y clasificar en diferentes subgrupos aquellos que tuvieran diferencias significativas, mediante la comparación de medias por el método Tukey.

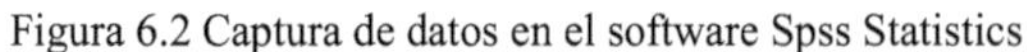
Figura 6.2 Captura de datos en el software Spss Statistics

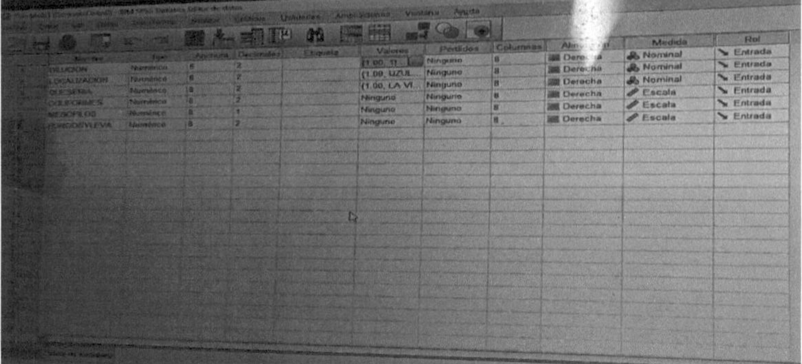

Fuente: elaboración propia.

Para llevar a cabo el análisis estadístico, se capturo primero los factores o variables a considerar en el estudio. Tomando en cuenta que las diluciones, la localización y las queserías son factores que no ocupan una escala medible (variable cualitativa); sin embargo, para las pruebas microbiológicas si se consideró una escala medible por el recuento en cajas Petri (variable cuantitativa). Una vez registrados los resultados de cada análisis realizado en las diferentes queserías, se elige de la bandeja de "opciones" el apartado "Analizar", para elegir el "modelo lineal general" y seleccionar "multivariante". El software pide las variables dependientes, las cuales serán las tres pruebas realizadas (Coliformes totales, hongos y levaduras, y mesófilos aerobios). Y para las variables independientes o factores fijos, es decir que no cambian, (Diluciones, localización y las queserías).

Figura 6.4 Comparación de medias por prueba post hoc

26

Después de elegir la prueba Tukey, se elige continuar y en "Multivariante: Opciones", se elige en "Estadística descriptiva" y considerando un nivel de significancia del .05 con un intervalo de confianza del 95%.

6.2.4 Análisis microbiológicos en queso asadero, de acuerdo a la NOM-121-SSA1-1994

Para la realización de los análisis, cada uno de los quesos se fraccionó y procesaron de acuerdo a la NOM-110-SSA1-1994 para la preparación y dilución de muestras de alimentos. De acuerdo lo indica la NOM-SSA1-121-1994, los análisis microbiológicos de mayor relevancia llevados a cabo en este proyecto consistieron en la cuenta de Unidades Formadora de Colonias (UFC/ gr ó UFC/ml) de coliformes totales en placa, bacterias mesófilas aerobias, mohos y levaduras, y en la cuenta del Número más probable (NMP/gr) de coliformes fecales y *E. coli*. Siendo *Salmonella spp*, considerándose como Positivo o Ausente en 25 gr.

Homogeneización y preparación de diluciones decimales de la muestra

Del centro de cada muestra unitaria, se tomaron asépticamente 10 gr y se depositaron en una bolsa de poli papel que contenía la solución diluyente estéril de peptona de caseína. Cada muestra fue colocada dentro del Stomacher, por 1 minuto. Posteriormente, esta muestra homogeneizada, se vertió en un frasco esterilizado de vidrio de 100 ml con tapa, logrando así preparar diluciones decimales de 1×10^{-1}, 10^{-2}, 10^{-3}, 10^{-4}, y 10^{-5} en el caso del conteo de UFC en caja Petri y diluciones de 10^{-1}, 10^{-2}, y 10^{-3} en el caso de aplicar el método en tubos de ensaye.

Método para la cuenta de microorganismos coliformes totales en placa, (Norma Oficial Mexicana NOM-113-SSA1-1994)

Objetivo y campo de aplicación: Esta Norma Oficial Mexicana establece el método microbiológico para determinar el número de microorganismos coliformes totales presentes en productos alimenticios por medio de la técnica de cuenta en placa.

Fundamento: El método permite determinar el número de microorganismos coliformes presentes en una muestra, utilizando un medio selectivo (agar rojo violeta bilis) en el que se desarrollan bacterias a 35°C en aproximadamente 24 h, dando como resultado la producción de gas y ácidos orgánicos, los cuales viran el indicador de pH y precipitan las sales biliares.

Reactivos y medios de cultivo:

- Agua peptonada
- Medio de cultivo deshidratado: Agar-rojo- violeta-bilis -lactosa (RVBA)
- Agua Destilada

Materiales:

- Pipetas bacteriológicas para distribuir 10 y 1 ml
- 1 Frasco de vidrio de 100 ml con tapón de rosca
- 1 Matraz erlenmeyer con tapón de rosca de 500 ml

- 4 Tubos de ensaye de 16 x 150 mm con tapón de rosca
- Utensilios esterilizables para la obtención de muestras: cuchillos, pinzas, tijeras, cucharas, espátulas.
- 5 Cajas Petri
- 1 Vidrio de reloj
- 2 Mecheros Bunsen
- 1 Espátula
- 1 Propipeta
- Pipetero
- Bolsas de poli papel

- 1 Gradilla
- 1 Probeta de 250 ml
- Porta cajas Petri
- Canastilla para autoclave

Equipos:

- Báscula
- Balanza Analítica
- Incubadora
- Autoclave
- Cuenta – colonias
- Parrilla eléctrica
- Stomacher

Preparación del medio de cultivo (Agar-rojo- violeta-bilis -lactosa (RVBA)

Para un total de 5 cajas Petri, se prepararon 150 ml de agar de bilis y rojo violeta. Para 150 ml de agua destilada con ayuda de una espátula y en un vidrio de reloj se pesan en la balanza analítica 6.225 gr de agar de bilis y rojo violeta deshidratado. Una vez mezclados el agar y el agua destilada, se pone a calentar la solución en un matraz, sobre la parrilla eléctrica y se deja hervir durante 2 minutos.

Preparación de Peptona de caseína

Para preparar 150 ml de solución de peptona, en una probeta se miden 150 ml de agua destilada y con ayuda de una espátula en un vidrio de reloj se pesan en la balanza analítica 0.45 gr del medio deshidratado de peptona de caseína. Una vez mezclado la peptona y el agua destilada, se distribuyen 90 ml de peptona en un frasco de vidrio esterilizable de 100 ml con tapón de rosca. El resto de la solución de peptona con ayuda de una pipeta se distribuye 9 ml de peptona en cada uno de los 4 tubos de ensaye de 16 x 150 mm con tapón de rosca.

Una vez preparado el Agar y la solución de peptona, se coloca dentro de una canastilla para autoclave los 4 tubos de ensaye con la solución de peptona, el frasco de 90 ml de agua peptonada, las 5 cajas Petri en una porta cajas y las pipetas de 10 y 1 ml dentro del porta pipetas. Se dejan esterilizar dentro de la autoclave durante 15 minutos a una temperatura de $121 \pm 1{,}0°C$.

Procedimiento

1. Una vez finalizado el esterilizado, se abre con cuidado la puerta de la autoclave y se deja reposar por 10 minutos hasta que ya no salga vapor. Una vez pasado el tiempo con una franela se retira la canastilla para posteriormente pasarla a la mesa de trabajo.

2. En una mesa de acero inoxidable, se vierte Alcohol al 70% con la tapa semiabierta, procurando cubrir la mayor parte del espacio del trabajo. Posteriormente, con ayuda de un encendedor se flamea el área de trabajo. Inmediatamente, se coloca la manguera del mechero en la llave de gas, y una vez introducida la manguera se abre la llave para así, prender dos mecheros con 30 cm de distancia entre cada uno.

3. Una vez esterilizada la mesa de trabajo, sobre una tabla de picar cubierta de una bolsa de poli papel se coloca la muestra de queso y con un cuchillo esterilizado sobre la flama del mechero se fracciona el queso en pequeños pedazos y se pesa sobre una báscula cubierta con una bolsa de poli papel 10 gr del queso asadero.

4. Una vez pesada la muestra, esta se deposita en una bolsa de poli papel con la mitad la solución diluyente estéril de peptona de caseína, tomada del frasco de dilución de 100 ml, y pasa a ser homogeneizada dentro del Stomacher durante 1 minuto. Una vez homogeneizada la muestra, se inclina la bolsa para separar el

líquido de la muestra y se procede a verter en el mismo frasco de disolución, el cual será marcado con un 10^{-1}.

5. Para preparar diluciones decimales se toma con ayuda de una pipeta esterilizada 1 ml del frasco de disolución con la muestra, y se pasa a un tubo de ensaye con los 9 ml de la solución de peptona, el cual será la dilución 10^{-2}. Se hace el mismo procedimiento, utilizando una pipeta diferente por cada toma de 1 ml por cada tubo hasta acabar con los 4 tubos y obtener la dilución 10^{-5}.

6. Se distribuyen las cajas Petri estériles por la mesa de trabajo, y con ayuda de una pipeta nueva, se toma 0.1 ml de la dilución 10^{-1} para ser depositado dentro de la primer caja Petri y se cierra inmediatamente. Se repite el mismo procedimiento para la segunda caja, tomando 0.1 ml del tubo de ensaye con la dilución de 10^{-2}, para ser pasada por otra pipeta estéril dentro de la segunda caja. Se repite este procedimiento, con cada dilución tomando la muestra por una pipeta nueva estéril, hasta acabar con cada caja Petri.

7. Finalmente, se adiciona por cada Petri alrededor de 10 a 20 ml del Agar bilis rojo violeta fundido, o hasta llegar a la mitad de la caja. Es importante mezclar el inoculo con el agar, para lo cual se realizaron movimientos de la caja Petri en forma de 8. Una vez gelificado el agar, se incuban las cajas Petri en posición invertida a 35°C por 24 ± 2 horas.

8. Posteriormente, se realiza el conteo de las colonias con el contador de colonias. Para ello, se seleccionaron las placas que contengan entre 15 y 150 colonias. Las colonias típicas son de color rojo oscuro, generalmente se encuentran rodeadas de un halo de precipitación debido a las sales biliares, el cual es de color rojo claro o rosa.

Método para la cuenta de bacterias aerobias en placa, (Norma Oficial Mexicana NOM-092-SSA1-1994)

Objetivo y campo de aplicación: Esta Norma Oficial Mexicana establece el método para estimar la cantidad de microorganismos viables presentes en un alimento, agua potable y agua purificada, por la cuenta de colonias en un medio sólido, incubado aeróbicamente.

Fundamento: El fundamento de la técnica consiste en contar las colonias, que se desarrollan en el medio de elección después de un cierto tiempo y temperatura de incubación, presuponiendo que cada colonia proviene de un microorganismo de la muestra bajo estudio.

Reactivos y medios de cultivo:

- Agua peptonada
- Agua destilada
- Medio de cultivo deshidratado: Agar Triptona-Extracto de Levadura (agar para cuenta estándar)

Materiales:

- Pipetas bacteriológicas para distribuir 10 y 1 ml
- 1 Frasco de vidrio de 100 ml con tapón de rosca
- 1 Matraz Erlenmeyer con tapón de rosca de 500 ml

- 4 Tubos de ensaye de 16 x 150 mm con tapón de rosca
- Utensilios esterilizables para la obtención de muestras: cuchillos, pinzas, tijeras, cucharas, espátulas.
- 5 Cajas Petri
- 1 Vidrio de reloj
- 1 Espátula

- 1 Propipeta
- 1 Probeta de 250 ml
- Pipetero
- 2 Mecheros Bunsen
- Bolsas de poli papel
- 1 Gradilla
- Porta Cajas Petri
- Canastilla para autoclave

Equipos:

- Báscula
- Balanza Analítica
- Incubadora
- Autoclave
- Cuenta – colonias
- Parrilla eléctrica
- Stomacher

Preparación del Medio de cultivo (Agar para cuenta estándar)

Para un total de 5 cajas Petri, se prepararon 150 ml de agar para cuenta estándar. Para 150 ml de agua destilada con ayuda de una espátula y en un vidrio de reloj se pesan en la balanza analítica 3.525 gr de agar para cuenta estándar deshidratado. Una vez mezclados el agar y el agua destilada, se pone a calentar la solución en un matraz, sobre la parrilla eléctrica, hasta hervir. Una vez mezclados el agar y el agua destilada, se esteriliza el medio en un matraz Erlenmeyer dentro de la autoclave a 121 ± 1,0 °C, durante 15 minutos.

Preparación de Peptona de caseína

Para preparar 150 ml de solución de peptona, en una probeta se miden 150 ml de agua destilada y con ayuda de una espátula en un vidrio de reloj se pesan en la balanza analítica 0.45 gr del medio deshidratado de peptona de caseína. Una vez mezclado la peptona y el agua destilada, se distribuyen 90 ml de peptona en un frasco de vidrio esterilizable de 100 ml con tapón de rosca. El resto de la solución de peptona con ayuda de una pipeta se distribuye 9 ml de peptona en cada uno de los 4 tubos de ensaye de 16 x 150 mm con tapón de rosca.

Una vez preparado el Agar y la solución de peptona, se coloca dentro de una canastilla para autoclave los 4 tubos de ensaye con la solución de peptona, el frasco de 90 ml de agua peptonada, las 5 cajas Petri en una porta cajas y las pipetas de 10 y 1 ml dentro del porta pipetas. Se dejan esterilizar dentro de la autoclave durante 15 minutos a una temperatura de $121 \pm 1{,}0°C$.

Preparación

1. Una vez finalizado el esterilizado, se abre con cuidado la puerta de la autoclave y se deja reposar por 10 minutos hasta que ya no salga vapor. Una vez pasado el tiempo con una franela se retira la canastilla para posteriormente pasarla a la mesa de trabajo.

2. En una mesa de acero inoxidable, se vierte Alcohol al 70% con la tapa semiabierta, procurando cubrir la mayor parte del espacio del trabajo. Posteriormente, con ayuda de un encendedor se flamea el área de trabajo. Inmediatamente, se coloca la manguera del mechero en la llave de gas, y una vez introducida la manguera se abre la llave para así, prender dos mecheros con 30 cm de distancia entre cada uno.

3. Una vez esterilizada la mesa de trabajo, sobre una tabla de picar cubierta de una bolsa de poli papel se coloca la muestra de queso y con un cuchillo esterilizado sobre la flama del mechero se fracciona el queso en pequeños pedazos y se pesa sobre una báscula cubierta con una bolsa de poli papel 10 gr del queso asadero.

4. Una vez pesada la muestra, esta se deposita en una bolsa de poli papel con la mitad la solución diluyente estéril de peptona de caseína, tomada del frasco de dilución de 100 ml, y pasa a ser homogeneizada dentro del Stomacher durante 1 minuto. Una vez homogeneizada la muestra, se inclina la bolsa para separar el líquido de la muestra y se procede a verter todo el líquido en el mismo frasco de disolución, el cual será marcado con un 10^{-1}.

5. Para preparar diluciones decimales se toma con ayuda de una pipeta esterilizada 1 ml del frasco de disolución con la muestra, y se pasa a un tubo de ensaye con los 9 ml de la solución de peptona, el cual será la dilución 10^{2}. Del tubo correspondiente a la dilución 10^{-2} se toma 1 ml para ser pasado al siguiente tubo, pasando a ser la dilución 10^{-3}. Se realiza el mismo procedimiento, utilizando una pipeta diferente por cada toma de 1 ml por cada tubo hasta acabar con los 4 tubos y obtener la dilución 10^{-5}.

6. Se distribuyen las cajas Petri estériles por la mesa de trabajo, y con ayuda de una pipeta nueva, se toma 0.1 ml de la dilución 10^{-1} para ser depositado dentro de la primer caja Petri y se cierra inmediatamente. Se repite el mismo procedimiento para la segunda caja, tomando 0.1 ml del tubo de ensaye con la dilución de 10^{-2}, para ser pasada por otra pipeta estéril dentro de la segunda caja. Se repite este procedimiento, con cada dilución tomando la muestra por una pipeta nueva estéril, hasta acabar con cada caja Petri.

7. Finalmente, se adiciona por cada Petri alrededor de 10 a 20 ml del Agar para Cuenta Estándar fundido, o hasta llegar a la mitad de la caja. Es importante

mezclar el inoculo con el agar, para lo cual se realizaron movimientos de la caja Petri en forma de 8. Una vez gelificado el agar, se incuban las cajas Petri en posición invertida a 35°C por 48 ± 2 h.

8. Posteriormente, se realiza el conteo de las colonias con el contador de colonias. Para ello, se seleccionaron las placas que contengan entre 15 y 150 colonias. Se cuentan todas las colonias desarrolladas en las placas seleccionadas (excepto las de mohos y levaduras), incluyendo las colonias puntiformes.

Método para la cuenta de mohos y levaduras en alimentos, (Norma Oficial Mexicana NOM-111-SSA1-1994)

Objetivo y campo de aplicación: Esta Norma Oficial Mexicana establece el método general para determinar el número de mohos y levaduras viables presentes en productos destinados al consumo humano por medio de la cuenta en placa a 25 ± 1°C.

Fundamento: El método se basa en inocular una cantidad conocida de muestra de prueba en un medio selectivo específico, acidificado a un pH 3,5 e incubado a una temperatura de 25 ± 1°C, dando como resultado el crecimiento de colonias características para este tipo de microorganismos.

Reactivos y medios de cultivo:

- Agua peptonada
- Agua destilada
- Medio de cultivo deshidratado: Agar Papa-Dextrosa

Materiales:

- Pipetas bacteriológicas para distribuir 10 y 1 ml
- 1 Frasco de vidrio de 100 ml con tapón de rosca
- 1 Matraz Erlenmeyer con tapón de rosca de 500 ml

- 4 Tubos de ensaye de 16 x 150 mm con tapón de rosca
- Utensilios esterilizables para la obtención de muestras: cuchillos, pinzas, tijeras, cucharas, espátulas.
- 5 Cajas Petri
- 1 Vidrio de reloj
- 1 Espátula
- 1 Propipeta
- 2 Mecheros Bunsen
- Pipetero
- Bolsas de poli papel
- 1 Probeta de 250 ml
- 1 Gradilla
- Porta Cajas Petri
- Canastilla para autoclave

Equipos:

- Báscula
- Balanza Analítica
- Incubadora
- Autoclave
- Cuenta – colonias
- Parrilla eléctrica
- Stomacher

Preparación del medio de cultivo (Agar Papa-dextrosa)

Para un total de 5 cajas Petri, se preparó 150 ml de agar papa-dextrosa. Para 150 ml de agua destilada con ayuda de una espátula y en un vidrio de reloj se pesan en la balanza analítica 5.85 gr de agar papa-dextrosa. Una vez mezclados el agar y el agua destilada, se esteriliza el medio en un Matraz Erlenmeyer dentro de la autoclave a 121 ± 1,0 °C, durante 15 minutos.

Preparación de Peptona de caseína

Para preparar 150 ml de solución de peptona, en una probeta se miden 150 ml de agua destilada y con ayuda de una espátula en un vidrio de reloj se pesan en la balanza analítica 0.45 gr del medio deshidratado de peptona de caseína. Una vez mezclado la peptona y el agua destilada, se distribuyen 90 ml de peptona en un frasco de vidrio esterilizable de 100 ml con tapón de rosca. El resto de la solución de peptona con ayuda de una pipeta se distribuye 9 ml de peptona en cada uno de los 4 tubos de ensaye de 16 x 150 mm con tapón de rosca.

Una vez preparado el Agar y la solución de peptona, se coloca dentro de una canastilla para autoclave los 4 tubos de ensaye con la solución de peptona, el frasco de 90 ml de agua peptonada, las 5 cajas Petri en un porta cajas y las pipetas de 10 y 1 ml dentro del porta pipetas. Se dejan esterilizar dentro de la autoclave durante 15 minutos a una temperatura de 121 ± 1,0°C.

Preparación

1. Una vez finalizado el esterilizado, se abre con cuidado la puerta de la autoclave y se deja reposar por 10 minutos hasta que ya no salga vapor. Una vez pasado el tiempo con una franela se retira la canastilla para posteriormente pasarla a la mesa de trabajo.

2. En una mesa de acero inoxidable, se vierte Alcohol al 70% con la tapa semiabierta, procurando cubrir la mayor parte del espacio del trabajo. Posteriormente, con ayuda de un encendedor se flamea el área de trabajo. Inmediatamente, se coloca la manguera del mechero en la llave de gas, y una vez

introducida la manguera se abre la llave para así, prender dos mecheros con 30 cm de distancia entre cada uno.

3. Una vez esterilizada la mesa de trabajo, sobre una tabla de picar cubierta de una bolsa de poli papel se coloca la muestra de queso y con un cuchillo esterilizado sobre la flama del mechero se fracciona el queso en pequeños pedazos y se pesa sobre una báscula cubierta con una bolsa de poli papel 10 gr del queso asadero.

4. Una vez pesada la muestra, esta se deposita en una bolsa de poli papel con la mitad la solución diluyente estéril de peptona de caseína, tomada del frasco dc dilución de 100 ml, y pasa a ser homogeneizada dentro del Stomacher durante 1 minuto. Una vez homogeneizada la muestra, se inclina la bolsa para separar el líquido de la muestra y se procede a verter todo el líquido en el mismo frasco de disolución, el cual será marcado con un 10^{-1}.

5. Para preparar diluciones decimales se toma con ayuda de una pipeta esterilizada 1 ml del frasco de disolución con la muestra, y se pasa a un tubo de ensaye con los 9 ml de la solución de peptona, el cual será la dilución 10^{-2}. Del tubo correspondiente a la dilución 10^{-2} se toma 1 ml para ser pasado al siguiente tubo, pasando a ser la dilución 10^{-3}. Se realiza el mismo procedimiento, utilizando una pipeta diferente por cada toma de 1 ml por cada tubo hasta acabar con los 4 tubos y obtener la dilución 10^{-5}.

6. Se distribuyen las cajas Petri estériles por la mesa de trabajo, y con ayuda de una pipeta nueva, se toma 0.1 ml de la dilución 10^{-1} para ser depositado dentro de la primer caja Petri y se cierra inmediatamente. Se repite el mismo procedimiento para la segunda caja, tomando 0.1 ml del tubo de ensaye con la dilución de 10^{-2}, para ser pasada por otra pipeta estéril dentro de la segunda caja. Se repite este procedimiento, con cada dilución tomando la muestra por una pipeta nueva estéril, hasta acabar con cada caja Petri.

7. Finalmente, se adiciona por cada Petri alrededor de 10 a 20 ml del Agar papa-dextrosa, o hasta llegar a la mitad de la caja. Es importante mezclar el inoculo con el agar, para lo cual se realizaron movimientos de la caja Petri en forma de 8. Una vez gelificado el agar, se incuban las cajas Petri en posición invertida a 35°C ± 1°C de 3 a 5 días.

8. Para contar las colonias de cada placa. Después de 5 días, se seleccionan aquellas placas que contengan entre 10 y 150 colonias. Si alguna parte de la caja muestra crecimiento extendido de mohos o si es difícil contar colonias bien aisladas, considerar los conteos de 4 días de incubación y aún de 3 días. En este caso, se debe informa el periodo de incubación de 3 o 4 días en los resultados del análisis.

Métodos de prueba microbiológicos. Determinación de microorganismos indicadores. Determinación de microorganismos patógenos, (Norma Oficial Mexicana NOM-210-SSA1-2014)

Objetivo y campo de aplicación: Esta Norma tiene por objeto establecer los métodos generales y alternativos de prueba para la determinación de los indicadores microbianos y patógenos en alimentos, bebidas y agua para uso y consumo humano.

Fundamento: El principio de la técnica se basa en la dilución de la muestra en tubos múltiples, de tal forma que todos los tubos de la menor dilución sean positivos y todos los tubos de la dilución mayor sean negativos. El resultado positivo se demuestra por la presencia de gas y crecimiento microbiano propiedad de los microorganismos coliformes para producir gas a partir de la fermentación de lactosa a 45.5 °C ± 0.2 °C (para alimentos) 44.5 °C ± 0.2 °C (para agua) dentro de las 48h de incubación (coliformes fecales y *E. coli*).

Medios de cultivo:

- Agua peptonada
- Agua destilada
- Caldo lauril sulfato (medio de enriquecimiento selectivo).
- caldo verde bilis brillante (medio de confirmación).
- Caldo EC con MUG
- Agar MacConkey

Materiales:

- Pipetas bacteriológicas para distribuir 10 y 1 ml
- 1 Frasco de vidrio de 100 ml con tapón de rosca
- 1 Asa bacteriológica
- 12 Tubos de ensaye de 16 x 150 mm con tapón de rosca
- Utensilios esterilizables para la obtención de muestras: cuchillos, pinzas, tijeras, cucharas, espátulas.
- Campanas Durham
- 1 Vidrio de reloj
- 1 Espátula
- Cajas Petri
- 1 Propipeta
- Pipetero
- Porta Cajas Petri
- Bolsas de poli papel
- 1 Gradilla
- 1 Probeta de 250 ml
- 2 Mecheros Bunsen
- Canastilla para autoclave

Equipos:

- Báscula
- Balanza Analítica
- Incubadora
- Autoclave
- Cuenta – colonias
- Parrilla eléctrica
- Stomacher

- **Preparación del medio de enriquecimiento (Caldo lauril sulfato)**

Para 9 tubos de ensaye, se prepararon 100 ml de caldo lauril sulfato. Para 100 ml de agua destilada con ayuda de una espátula y en un vidrio de reloj se pesan en la balanza analítica 3.56 gr de caldo lauril sulfato. Una vez mezclados el medio de cultivo y el agua destilada, con una pipeta se distribuyen 10 ml del medio en cada uno de los 9 tubos de ensaye. Estos deben tener campana de fermentación. Una vez cerrados todos los tubos de ensaye, se introducen en una bolsa de poli papel, para cerrarla y esterilizar dentro de la autoclave a 121 ± 1,0 °C, durante 15 minutos. Es importante, no cerrar completamente los tubos para evitar fracturas.

- **Preparación de Peptona de caseína**

Para preparar 150 ml de solución de peptona, en una probeta se miden 150 ml de agua destilada y con ayuda de una espátula en un vidrio de reloj se pesan en la balanza analítica 0.45 gr del medio deshidratado de peptona de caseína. Una vez mezclado la peptona y el agua destilada, se distribuyen 90 ml de peptona en un frasco de vidrio esterilizable de 100 ml con tapón de rosca. Con ayuda de una pipeta se toma del resto de la solución 9 ml de peptona y se distribuye en 2 diferentes tubos de ensaye de 16 x 150 mm con tapón de rosca. Estos tubos serán utilizados para la segunda y tercera dilución, siendo 10^{-2} y 10^{-3}.

Una vez preparado el medio de enriquecimiento y la solución de peptona, se coloca dentro de una canastilla para autoclave los 2 tubos de ensaye con la solución de peptona, el frasco de 90 ml de agua peptonada, los 9 tubos con caldo lauril sulfato con las campanas Durham y las pipetas de 10 y 1 ml dentro del porta pipetas. Se dejan esterilizar dentro de la autoclave durante 15 minutos a una temperatura de $121 \pm 1,0°C$.

Preparación

1. Una vez finalizado el esterilizado, se abre con cuidado la puerta de la autoclave y se deja reposar por 10 minutos hasta que ya no salga vapor. Una vez pasado el tiempo con una franela se retira la canastilla para posteriormente pasarla a la mesa de trabajo.

2. En una mesa de acero inoxidable, se vierte Alcohol al 70% con la tapa semiabierta, procurando cubrir la mayor parte del espacio del trabajo. Posteriormente, con ayuda de un encendedor se flamea el área de trabajo. Inmediatamente, se coloca la manguera del mechero en la llave de gas, y una vez introducida la manguera se abre la llave para así, prender dos mecheros con 30 cm de distancia entre cada uno.

3. Una vez esterilizada la mesa de trabajo, sobre una tabla de picar cubierta de una bolsa de poli papel se coloca la muestra de queso y con un cuchillo esterilizado sobre la flama del mechero se fracciona el queso en pequeños pedazos y se pesa sobre una báscula cubierta con una bolsa de poli papel 10 gr del queso asadero.

4. Una vez pesada la muestra, esta se deposita en una bolsa de poli papel con la mitad la solución diluyente estéril de peptona de caseína, tomada del frasco de dilución de 100 ml, y pasa a ser homogeneizada dentro del Stomacher durante

1 minuto. Una vez homogeneizada la muestra, se inclina la bolsa para separar el líquido de la muestra y se procede a verter todo el líquido en el mismo frasco de disolución, el cual será marcado con un 10^{-1}.

5. Para preparar diluciones decimales se toma con ayuda de una pipeta esterilizada 1 ml del frasco de disolución con la muestra (10^{-1}), y se pasa al tubo de ensaye con los 9 ml de la solución de peptona, el cual será la dilución 10^{-2}, de este último con otra pipeta estéril se toma 1 ml para ser depositado en el segundo tubo con los 9 ml de peptona, para ser la dilución 10^{-3}.

6. Una vez preparadas y marcadas las 3 diluciones, del frasco de vidrio con los 90 ml de peptona, correspondiente a la dilución 10^{-1} y con ayuda de una pipeta estéril, se toma 1 ml de muestra para ser depositado en el primer tubo con el caldo lauril sulfato. Se repite el mismo proceso con una pipeta nueva, hasta haber alcanzado 3 tubos con la muestra 10^{-1}.

Posteriormente, del tubo de ensaye con la dilución 10^{-2} de peptona, se repite el mismo proceso de tomar 1 ml de este y se pasa a otros 3 tubos de ensaye de caldo lauril sulfato, para ser marcados con un 10^{-2}.

Finalmente, del tubo de ensaye con la dilución 10^{-3} de peptona, se repite el mismo proceso de tomar 1 ml de este y pasar a otros 3 tubos de ensaye de caldo lauril sulfato, para ser marcados con un 10^{-3}.

7. Se dejan incubar los tubos a $42 \pm 0{,}5$ °C por 24 ± 2 horas y observar si hay formación de gas, en caso contrario se prolonga la incubación hasta 48 ± 2 horas.

Prueba confirmativa de microorganismos coliformes fecales

- **Preparación del medio de confirmación (caldo verde bilis brillante)**

En caso de observar fermentación de lactosa en las campanas Durham, se utilizan 9 tubos de ensaye de 13 x 100 mm. El número de tubos a utilizar es proporcional al número de tubos positivos del medio de enriquecimiento. Para el caso de 9 tubos de ensaye, se preparan 30 ml de caldo lactosa bilis verde brillante. Con ayuda de una espátula y en un vidrio de reloj se pesan en la balanza analítica 1.2 gr del medio de cultivo. Una vez mezclados el medio de cultivo deshidratado y el agua destilada, con una pipeta se distribuyen 3 ml del medio en cada uno de los 9 tubos de ensaye, estos deben tener campana de fermentación. Una vez cerrados todos los tubos de ensaye, se esterilizan dentro de la autoclave a 121 ± 1,0 °C, durante 15 minutos. Es importante, no cerrar completamente los tubos para evitar fracturas.

1. De cada tubo con caldo lauril sulfato que muestre formación de gas, se toma una azada y se siembra en un número igual de tubos con medio de confirmación. Se dejan incubar a 35 ± 0,5 °C por 24 ± 2 horas o si la formación de gas no se observa en este tiempo, prolongar la incubación por 48 ± 2 horas.

Prueba presuntiva para *Escherichia Coli*

- **Preparación del Caldo EC**

1. Para 9 tubos de ensaye, se preparó 100 ml de caldo EC. Para 100 ml de agua destilada con ayuda de una espátula y en un vidrio de reloj se pesan en la balanza analítica 3.75 gr de Caldo EC con MUG. Una vez mezclados el medio de cultivo y el agua destilada, se pone a calentar la solución en un matraz, sobre la parrilla eléctrica, dejando hervir durante 5 minutos.

2. Es importante, esterilizar primero los tubos de ensaye con campanas Durham. El número de tubos a esterilizar dependerá de la cantidad de tubos positivos de la prueba confirmativa de microorganismos coliformes totales, con los tubos de caldo lactosa bilis verde brillante.

3. Una vez cerrados todos los tubos de ensaye, se introducen en una bolsa de poli papel cerrada junto con las pipetas de 10 ml en un porta pipetas para ser esterilizados dentro de la autoclave a 121 ± 1,0 °C, durante 15 minutos. Es importante, no cerrar completamente los tubos para evitar fracturas.

4. Una vez esterilizados los tubos de ensaye con las campanas Durham, de la preparación del caldo EC con MUG, con ayuda de las pipetas esterilizadas, se colocan 10 ml del caldo EC en cada tubo de ensaye cuidando de que las campanas de fermentación no tomen aire.

5. Teniendo los tubos listos, con un asa bacteriológica, se tomaran de dos a tres asadas por cada tubo positivo de la prueba confirmativa (caldo lactosa bilis verde brillante), y se pasaran a cada tubo con campana de fermentación del caldo EC.

6. Posteriormente, se agitan los tubos para su completa homogeneización.

7. Se registraron los tubos positivos como aquellos con presencia de gas, después de su incubación a 42 ± 0.1°C por un periodo de 24 a 48 horas.

Confirmación y búsqueda de *E. coli* por caja Petri

- **Preparación del Agar MacConkey**

1. El número de cajas Petri a esterilizar dependerá de la cantidad de tubos positivos de la prueba confirmativa del Caldo EC. Para preparar 150 ml de agua destilada con ayuda de una espátula y en un vidrio de reloj se pesan en la balanza analítica 7.5 gr de Agar MacConkey. Una vez mezclados el medio de cultivo y el

agua destilada, se pone a calentar la solución en un matraz, sobre la parrilla eléctrica, dejando hervir durante 1 minuto. Una vez mezclados el agar y el agua destilada, se esteriliza el medio en un Matraz Erlenmeyer dentro de la autoclave a 121 ± 1,0 °C, durante 15 minutos.

2. Terminando de haber esterilizado el medio de cultivo y las cajas Petri, una vez enfriado el Agar MacConkey, en cada caja Petri verter de 10-20 ml del medio, o hasta observar que llega a la mitad de la caja.

3. Terminado de verter el medio, una vez enfriado y gelificado el medio, se procede a tomar una asada de cada uno de los tubos positivos del caldo EC con MUG, para sembrar por estría cruzada en cada una de las cajas.

4. Se dejan incubar a 35° C de 20 a 24 horas.

Método de referencia para el aislamiento de *Salmonella spp*

Fundamento: Este método es aplicable para la detección de *Salmonella spp* en productos para consumo humano, así como de áreas de producción y manejo de alimentos especialmente en productos donde las condiciones ambientales permiten la contaminación de estos productos por microorganismos de la familia *Enterobacteriaceae*.

Medios de cultivo:

- Caldo de peptona tamponado
- Caldo tetrationato
- Caldo selenito
- Agar Salmonella – Shigella

Materiales:

- Pipetas bacteriológicas para distribuir 10 y 2 ml
- 2 matraces Erlenmeyer de 250 ml
- 1 Asa bacteriológica
- 1 Matraz Erlenmeyer de 500 ml
- 1 Vidrio de reloj
- 1 Espátula
- 6-10 Cajas Petri
- 1 Propipeta
- 1 Pipetero
- Porta Cajas Petri
- Bolsas de poli papel
- 1 Probeta de 250 ml
- 2 Mecheros Bunsen
- Canastilla para autoclave

Equipos:

- Báscula
- Balanza Analítica
- Incubadora
- Autoclave
- Parrilla eléctrica
- Stomacher

Preparación del medio de Pre-enriquecimiento (Agua de peptona tamponada)

Para preparar 225 ml de solución de peptona, en una probeta se miden 225 ml de agua destilada y con ayuda de una espátula en un vidrio de reloj se pesan en la balanza analítica 0.675 gr del medio deshidratado de peptona de caseína. Una vez preparado, se esteriliza en el autoclave durante 15 minutos a una temperatura de $121 \pm 1{,}0°C$.

Toma de muestra

Para la toma de muestra, sobre una tabla para cortar cubierta de una bolsa de poli papel, se corta con un cuchillo previamente pasado por el mechero todo el queso hasta integrar toda la muestra y sobre una balanza cubierta de una bolsa de poli papel se pesan 25 gr.

Etapa 1. Homogeneización y pre enriquecimiento

Una vez pesada la muestra, se pasa a una bolsa de poli papel con la mitad de la solución de agua tamponada previamente esterilizada. Todo se tritura durante 2 minutos dentro del Stomacher. Después de homogeneizar la muestra, se inclina la bolsa para separar el líquido de la muestra y se procede a verter solo el líquido en el mismo frasco de disolución. El matraz se deja incubando de 16 – 24 horas a 37°C.

Preparación del medio de enriquecimiento (Caldo selenito cistina y Caldo tetrationato)

Para preparar 100 ml de Caldo tetrationato con ayuda de una espátula y en un vidrio de reloj se pesan en la balanza analítica 4.6 gr. Una vez mezclados el medio deshidratado y el agua destilada, se pone a calentar la solución en un matraz Erlenmeyer esterilizado de 250 ml sobre la parrilla eléctrica, hasta hervir.

Antes de usar el medio, se agregan 2 ml de una solución yodo-yoduro y 1 ml de solución de verde brillante al 0,1% por cada 100 ml de caldo. El medio una vez adicionado de yodo no debe calentarse y debe usarse el mismo día de su preparación.

Para preparar 100 ml de caldo selenito con ayuda de una espátula y en un vidrio de reloj se pesan en la balanza analítica 2.3gr. Una vez mezclados el medio deshidratado y el agua destilada, se pone a calentar la solución en un matraz Erlenmeyer esterilizado de 250 ml sobre la parrilla eléctrica, hasta hervir, dejando 1 minuto.

Etapa 2. Enriquecimiento

1. Antes de empezar con el enriquecimiento, se deben esterilizar los 2 matraces Erlenmeyer con tapa, 2 pipetas de 10 ml y 2 pipetas de 2 ml dentro del porta pipetas. Todo en una canastilla en la autoclave a 121°C por 15 minutos.

2. Después de haber transcurrido las 24 horas del crecimiento en el agua de peptona tamponada, con ayuda de una pipeta esterilizada y una pro pipeta se pasan 10 ml del agua con la muestra a un matraz Erlenmeyer que contenga 100 ml de caldo tetrationato, y con una pipeta diferente, se pasan otros 10 ml a un matraz Erlenmeyer esterilizado con 100 ml de caldo selenito. El caldo tetrationato se incuba por 48 horas a 42°C – 43°C y el caldo selenito a 37°C también 48 horas.

Etapa 3. Siembra en placa

- **Preparación del Agar Salmonella-Shigella**

El número de cajas Petri por medio de cultivo puede ser 3 a 5. Para preparar 150 ml de agar S-S, en una probeta de 250 ml se miden 150 ml de agua destilada; con ayuda de una espátula y en un vidrio de reloj se pesan en la balanza analítica

9 gr de Agar Salmonella-Shigella. Una vez mezclados el medio de cultivo y el agua destilada, se pone a calentar la solución en un matraz, sobre la parrilla eléctrica, dejando hervir durante 1 minuto.

1. Cuando la incubación de ambos medios (Caldo selenito y Caldo tetrationato) han alcanzado las 48 horas, en área de mechero se colocan los medios de cultivo y el Agar para Salmonella-Shigella. Una vez que el agar deje de estar caliente, con cuidado se vierten de 20-25 ml del agar por las 6 cajas.

2. Cuando el agar finalmente haya gelificado, se quema de la base a la punta un asa bacteriológica, para enfriarse en el agar marcando el punto de inicio del estriado. Después de marcar, se vuelve a quemar el asa para tomar de cada matraz con medio de enriquecimiento una asada e inmediatamente realizar la estría cruzada. Por ambos medios (Caldo selenito y Caldo tetrationato) se tomaran 6 cajas Petri, es decir, 3 para estría del medio Caldo selenito y 3 del medio Caldo tetrationato.

3. Una vez realizado el estriado, se dejan incubar las cajas Petri invertidas a 37°C durante 48 horas. Una vez pasadas las 48 hrs, se hace una segunda siembra de forma idéntica y en los mismos medios en placa (segundo subcultivo).

En Agar S – S las colonias de salmonella al cabo de 18 horas son de color rosa pálido a incoloras que con el tiempo se van haciendo opacas más grandes y pueden presentar un punto central gris a negro.

6.2.5 Análisis comparativo de los resultados obtenidos de acuerdo a la normatividad vigente

Tabla 6.4 Límites máximos permitidos en quesos frescos

Microorganismos	Límite máximo permitido*
	QUESOS FRESCOS
Coliformes fecales (NMP/g)	100
***Staphylococcus Aureus* (UFC/g)**	1000
Hongos y levaduras (UFC/g)	500
***Salmonella* en 25 g**	NEGATIVO
***Listeria monocytogenes* en 25 gr**	NEGATIVO

Fuente: Norma Oficial Mexicana (NOM-121-SSA1-1994).

De acuerdo a la NOM-121-SSA1-1994, los valores de referencia que se consideraron para la comparación de medias, pertenecen a la clasificación de quesos frescos ya que el queso asadero no es un queso que requiera tener un plazo de maduración y generalmente es consumido al finalizar su elaboración.

Cabe mencionar que en este proyecto se omitió la determinación de *Sthaphylococcus Aureus* y *Listeria Monocytogenes*.

VII. Resultados

7.1 Interpretación de resultados

Los análisis microbiológicos se realizaron acorde a lo establecido por las Normas Oficiales Mexicanas. Los resultados obtenidos se cotejaron con lo definido en la (NOM-121-SSA1-1994) la cual indica las especificaciones sanitarias para quesos: frescos, madurados y procesados; y para el recuento de coliformes fecales y *Escherichia coli* con los límites permitidos en la (NOM-243-SSA1-2010), la cual indica las disposiciones de la leche, fórmula láctea, producto lácteo combinado y derivados lácteos. De las 5 muestras analizadas, 3 contenían *Escherichia coli y Salmonella spp.*

Fórmula para obtener el No. De UFC/gr para recuento de colonias en caja Petri

Una vez terminado el conteo de colonias de coliformes totales, mohos y levaduras y mesófilos aerobios, se aplicó la siguiente fórmula:

$$UFC/gr \text{ ó } UFC/ml = \frac{No.\,de\,colonias\,por\,placa\,x\,Factor\,de\,diluci\acute{o}n *}{ml\,de\,muestra\,sembrada}$$

Donde:

- No. De colonias por placa: es el n° de colonias significativas contadas en la última placa.
- Factor de dilución: indica el inverso de la dilución, es decir, 1/10 ó 10^{-1}, 1/100 ó 10^{-2}, 1/1000 ó 10^{-3}, 1/10000 ó 10^{-4} y 1/100000 ó 10^{-5}.
- ml de muestra sembrada: es la cantidad en ml de muestra sembrada en caja Petri.

Cuando se realiza un recuento de bacterias, el factor de dilución indica el número por el cual hay que multiplicar el número de bacterias encontradas o contadas en las placas, para conocer cuánto hay ya sea en 1 ml o 0.1 ml de la suspensión bacteriana.

Resultados de Unidades Formadoras de Colonias o UFC/gr de Coliformes Totales

Tabla 7.1 Resultados de UFC de Coliformes totales de la quesería "La virgencita"

| | Queso asadero /Ozuluama Quesería "La virgencita" | | | | |
Dilución	No. de Colonias	FDD	FDD*No. de Colonias	mL de Muestra	UFC/gr
1	53	10	530	0.1	5.30E+03
2	1	100	100	0.1	1.00E+03
3	0	1000	0	0.1	0.00E+00
4	0	10000	0	0.1	0.00E+00
5	0	100000	0	0.1	0.00E+00

Tabla 7.2 Resultados de UFC de Coliformes totales de la quesería "Oly"

| | Queso asadero /Ozuluama Quesería "Oly" | | | | |
Dilución	No. de Colonias	FDD	FDD*No. de Colonias	mL de Muestra	UFC/gr
1	0	10	0	0.1	0.00E+00
2	0	100	0	0.1	0.00E+00
3	0	1000	0	0.1	0.00E+00
4	0	10000	0	0.1	0.00E+00
5	0	100000	0	0.1	0.00E+00

Tabla 7.3 Resultados de UFC de Coliformes totales de la quesería "Rosales"

| | Queso asadero /Tempoal Quesería "Rosales" | | | | |
Dilución	No. de Colonias	FDD	FDD*No. de Colonias	mL de Muestra	UFC/gr
1	25	10	250	0.1	2.50E+03
2	18	100	1800	0.1	1.80E+04
3	3	1000	3000	0.1	3.00E+04
4	0	10000	0	0.1	0.00E+00
5	0	100000	0	0.1	0.00E+00

Tabla 7.4 Resultados de UFC de Coliformes totales de la quesería "Yazmin"

| Queso asadero /Tantoyuca Quesería "Yazmin" | | | | | |
Dilución	No. de Colonias	FDD	FDD*No. de Colonias	mL de Muestra	UFC/gr
1	3	10	30	0.1	3.00E+02
2	0	100	0	0.1	0.00E+00
3	0	1000	0	0.1	0.00E+00
4	0	10000	0	0.1	0.00E+00
5	0	100000	0	0.1	0.00E+00

Tabla 7.5 Resultados de UFC de Coliformes totales de la quesería "Anita"

| Queso asadero /Tempoal Quesería "Anita" | | | | | |
Dilución	No. de Colonias	FDD	FDD*No. de Colonias	mL de Muestra	UFC/gr
1	0	10	0	0.1	0.00E+00
2	0	100	0	0.1	0.00E+00
3	0	1000	0	0.1	0.00E+00
4	0	10000	0	0.1	0.00E+00
5	0	100000	0	0.1	0.00E+00

Resultados de Unidades Formadoras de Colonias o UFC/gr de Mesófilos aerobios

Tabla 7.6 Resultados de UFC de Mesófilos aerobios de la quesería "La Virgencita"

| Queso asadero /Ozuluama Quesería "La Virgencita" | | | | | |
Dilución	No. de Colonias	FDD	FDD*No. de Colonias	mL de Muestra	UFC/gr
1	180	10	1800	0.1	1.80E+04
2	150	100	15000	0.1	1.50E+05
3	120	1000	120000	0.1	1.20E+06
4	50	10000	500000	0.1	5.00E+06
5	4	100000	400000	0.1	4.00E+06

Tabla 7.7 Resultados de UFC de Mesófilos aerobios de la quesería "Oly"

	Queso asadero /Ozuluama Quesería "Oly"				
Dilución	No. de Colonias	FDD	FDD*No. de Colonias	mL de Muestra	UFC/gr
1	150	10	1500	0.1	1.50E+04
2	130	100	13000	0.1	1.30E+05
3	50	1000	50000	0.1	5.00E+05
4	5	10000	50000	0.1	5.00E+05
5	4	100000	400000	0.1	4.00E+06

Tabla 7.8 Resultados de UFC de Mesófilos aerobios de la quesería "Rosales"

	Queso asadero /Tempoal Quesería "Rosales"				
Dilución	No. de Colonias	FDD	FDD*No. de Colonias	mL de Muestra	UFC/gr
1	150	10	1500	0.1	1.50E+04
2	125	100	12500	0.1	1.25E+05
3	85	1000	85000	0.1	8.50E+05
4	50	10000	500000	0.1	5.00E+06
5	2	100000	200000	0.1	2.00E+06

Tabla 7.9 Resultados de UFC de Mesófilos aerobios de la quesería "Yazmin"

	Queso asadero /Tantoyuca Quesería "Yazmin"				
Dilución	No. de Colonias	FDD	FDD*No. de Colonias	mL de Muestra	UFC/gr
1	150	10	1500	0.1	1.50E+04
2	80	100	8000	0.1	8.00E+04
3	50	1000	50000	0.1	5.00E+05
4	30	10000	300000	0.1	3.00E+06
5	12	100000	1200000	0.1	1.20E+07

Tabla 7.10 Resultados de UFC de Mesófilos aerobios de la quesería "Anita"

| | Queso asadero /Tempoal Quesería "Anita" | | | | |
Dilución	No. de Colonias	FDD	FDD*No. de Colonias	mL de Muestra	UFC/gr
1	110	10	1100	0.1	1.10E+04
2	50	100	5000	0.1	5.00E+04
3	4	1000	4000	0.1	4.00E+04
4	1	10000	10000	0.1	1.00E+05
5	1	100000	100000	0.1	1.00E+06

Resultados de Unidades Formadoras de Colonias o UFC/gr de Hongos y Levaduras

Tabla 7.11 Resultados de UFC de Hongos y levaduras de la quesería "La Virgencita"

| | Queso asadero /Ozuluama Quesería "La Virgencita" | | | | |
Dilución	No. de Colonias	FDD	FDD*No. de Colonias	mL de Muestra	UFC/gr
1	230	10	2300	0.1	2.30E+04
2	157	100	15700	0.1	1.57E+05
3	85	1000	85000	0.1	8.50E+05
4	80	10000	800000	0.1	8.00E+06
5	55	100000	5500000	0.1	5.50E+07

Tabla 7.12 Resultados de UFC de Hongos y levaduras de la quesería "Oly"

| | Queso asadero /Ozuluama Quesería "Oly" | | | | |
Dilución	No. de Colonias	FDD	FDD*No. de Colonias	mL de Muestra	UFC/gr
1	150	10	1500	0.1	1.50E+04
2	90	100	9000	0.1	9.00E+04
3	53	1000	53000	0.1	5.30E+05
4	30	10000	300000	0.1	3.00E+06
5	5	100000	500000	0.1	5.00E+06

Tabla 7.13 Resultados de UFC de Hongos y levaduras de la quesería "Rosales"

Queso asadero /Tempoal Quesería "Rosales"					
Dilución	No. de Colonias	FDD	FDD*No. de Colonias	mL de Muestra	UFC/gr
1	150	10	1500	0.1	1.50E+04
2	135	100	13500	0.1	1.35E+05
3	80	1000	80000	0.1	8.00E+05
4	67	10000	670000	0.1	6.70E+06
5	58	100000	5800000	0.1	5.80E+07

Tabla 7.14 Resultados de UFC de Hongos y levaduras de la quesería "Yazmin"

Queso asadero /Tantoyuca Quesería "Yazmin"					
Dilución	No. de Colonias	FDD	FDD*No. de Colonias	mL de Muestra	UFC/gr
1	Más de 300	10	0	0.1	Incontables
2	149	100	14900	0.1	1.49E+05
3	50	1000	50000	0.1	5.00E+05
4	44	10000	440000	0.1	4.40E+06
5	30	100000	3000000	0.1	3.00E+07

Tabla 7.15 Resultados de UFC de Hongos y levaduras de la quesería "Anita"

Queso asadero /Tempoal Quesería "Anita"					
Dilución	No. de Colonias	FDD	FDD*No. de Colonias	mL de Muestra	UFC/gr
1	135	10	1350	0.1	1.35E+04
2	127	100	12700	0.1	1.27E+05
3	38	1000	38000	0.1	3.80E+05
4	30	10000	300000	0.1	3.00E+06
5	0	100000	0	0.1	0.00E+00

Resultados de la técnica del Numero más Probable o NMP/gr de Coliformes Fecales

Para el análisis de NMP/gr de coliformes fecales en muestras de queso asadero, se siguió el procedimiento de considerando solo las muestras que indicaran crecimiento microbiano de Coliformes totales en Caja Petri. De las 5 muestras de queso asadero, solo 2 queserías no contaron con la presencia del grupo coliforme ("Oly"/Ozuluama y "Anita"/Tempoal).

De acuerdo a la NOM-210-SSA1-2014, se utilizó el caldo lauril sulfato, como medio de enriquecimiento selectivo. Una vez los tubos tuvieron aparición de gas en las campanas Durham y turbidez se indicó la presencia de coliformes totales. Después, se tomaron de dos a tres asadas de cada tubo positivo en un mismo número de tubos con caldo lactosa bilis verde brillante como medio de confirmación para coliformes fecales, incubados a 42 °C durante 24 a 48 horas.

Tabla 7.16 Resultados de NMP/gr de Coliformes fecales de la quesería "La Virgencita"

	Queso asadero/Ozuluama Quesería "La Virgencita"			
	Número de resultados positivos			**Índice de NMP**
	10^{-1}	10^{-2}	10^{-3}	
1	X	X		
2	X	X		24 NMP/gr
3	X	X		

Tabla 7.17 Resultados de NMP/gr de Coliformes fecales de la quesería "Rosales"

	Queso asadero /Tempoal Quesería "Rosales"			
	Número de resultados positivos			**Índice de NMP**
	10^{-1}	10^{-2}	10^{-3}	
1	X	X	X	
2	X	X	X	> 110 NMP/gr
3	X	X	X	

Tabla 7.18 Resultados de NMP/gr de Coliformes fecales de la quesería "Yazmin"

	Queso asadero /Tantoyuca Quesería "Yazmin"			
	Número de resultados positivos			**Índice de NMP**
	10^{-1}	10^{-2}	10^{-3}	
1	X			
2	X			0.92 NMP/gr
3				

Resultados de la técnica del Numero más Probable o NMP/gr de *Escherichia coli*

Para el análisis de NMP/gr de *Escherichia Coli* en muestras de queso asadero, se siguió el mismo procedimiento para la confirmación, tomando de dos a tres asadas de cada tubo positivo con presencia de gas en las campanas Durham con el medio caldo lactosa verde brillante. Una vez tomando las asadas por cada tubo, se sembraron en un mismo número de tubos con caldo EC, los cuales se incubaron a 42°C de 24 a 48 horas. Finalmente, de los tubos con presencia de gas en las campanas, se realizó siembra en Cajas Petri con Agar McConkey por estría cruzada para confirmar la presencia de *E. Coli*.

Tabla 7.19 Resultados de NMP/gr de *E. coli* de la quesería "La Virgencita"

	Queso asadero /Ozuluama Quesería "La Virgencita"			
	Número de resultados positivos			**Índice de NMP**
	10^{-1}	10^{-2}	10^{-3}	
1	X	X		
2	X	X		24 NMP/gr
3	X	X		

Tabla 7.20 Resultados de NMP/gr de *E. coli* de la quesería "Rosales"

	Queso asadero /Tempoal Quesería "Rosales"			
	Número de resultados positivos			**Índice de NMP**
	10^{-1}	**10^{-2}**	**10^{-3}**	
1	X	X	X	
2	X	X	X	> 110 NMP/gr
3	X	X	X	

Tabla 7.21 Resultados de NMP/gr de *E. coli* de la quesería "Yazmin"

	Queso asadero /Tantoyuca Quesería "Yazmin"			
	Número de resultados positivos			**Índice de NMP**
	10^{-1}	**10^{-2}**	**10^{-3}**	
1	X			
2	X			0.92 NMP/gr
3				

Resultados para la identificación y aislamiento de *Salmonella spp*

De acuerdo al método realizado, se pesaron 25 gr de queso asadero, y se le adicionaron 225 ml de agua peptonada estéril, y se incubó a 37°C durante 24 horas. Pasado este tiempo se tomaron 10 ml de la solución y se vertió en un matraz con 100 ml de caldo tetrationato, y 10 ml de la solución en otro matraz con 100 ml de caldo selenito-cistina. A todos se les aplicó el mismo proceso de incubación anterior, y una vez terminado, las muestras se sembraron por estría cruzada en agar *Salmonella- Shigella*. Para este análisis, la identificación de *Salmonella* se consideró solo como positivo o ausente en los 25 gr de muestra.

Tabla 7.22 Resultado de la prueba para la identificación de *Salmonella spp* de la quesería "La Virgencita"

Queso asadero /Ozuluama Quesería "La Virgencita"			
Prueba	**Resultado**		**Resultado para *Salmonella spp*. En 25 gr**
Caldo base tetrationato & Caldo selenito cistina	**Negativo**	**Positivo**	
	Sin aparición de colonias color rosado pálido a negras.	Aparición de colonias color rosa pálido. Pueden presentar un punto central gris o negro.	+ en Caldo selenito cistina

Tabla 7.23 Resultado de la prueba para la identificación de *Salmonella spp* de la quesería "Rosales"

Queso asadero /Tempoal Quesería "Rosales"			
Prueba	**Resultado**		**Resultado para *Salmonella spp*. En 25 gr**
Caldo base tetrationato & Caldo selenito cistina	**Negativo**	**Positivo**	
	Sin aparición de colonias color rosado pálido a negras.	Aparición de colonias color rosa pálido. Pueden presentar un punto central gris o negro.	+ en Caldo selenito cistina

Tabla 7.24 Resultado de la prueba para la identificación de *Salmonella spp* de la quesería "Yazmin"

Queso asadero /Tantoyuca Quesería "Yazmin"			
Prueba	**Resultado**		**Resultado para *Salmonella spp*. En 25 gr**
Caldo base tetrationato & Caldo selenito cistina	**Negativo**	**Positivo**	
	Sin aparición de colonias color rosado pálido a negras.	Aparición de colonias color rosa pálido. Pueden presentar un punto central gris o negro.	+ en Caldo tetrationato

7.2 Resultados del análisis estadístico mediante el software SPSS Statistics

Con ayuda del software estadístico se realizó un Análisis de varianza (ANOVA) y tres pruebas Tukey, utilizando los resultados obtenidos por cada análisis (ver capítulo VI. Resultados) para determinar si existían diferencias significativas entre las queserías muestreadas, considerando el número de coliformes fecales, mesófilos aerobios y hongos y levaduras.

Tabla 7.25 Resultados del análisis estadístico (ANOVA).

Origen		Tipo III de suma de cuadrados	Gl	Media cuadrática	F
Modelo corregido	Coliformes totales	522495200.000[a]	8	65311900.000	**1.723**
	Mesófilos aerobios	103329803120000.000[b]	8	12916225390000.000	**2.767**
	Hongos y levaduras	3950738402712799.000[c]	8	493842300339100.000	**3.496**
Intersección	Coliformes totales	130416400.000	1	130416400.000	3.440
	Mesófilos aerobios	64960376039999.900	1	64960376039999.900	13.914
	Hongos y levaduras	1251529298841600.000	1	1251529298841600.000	8.860
Dilución	Coliformes totales	134905600.000	4	33726400.000	0.890
	Mesófilos aerobios	79799584160000.000	4	19949896040000.000	4.273
	Hongos y levaduras	3257232906406400.000	4	814308226601600.000	5.765
Localización	Coliformes totales	0.000	0		
	Mesófilos aerobios	0.000	0		
	Hongos y levaduras	0.000	0		
Quesería	Coliformes totales	0.000	0		
	Mesófilos Aerobios	0.000	0		
	Hongos y levaduras	0.000	0		
Error	Coliformes totales	606518400.000	16	**37907400.000**	
	Mesófilos aerobios	74698965840000.000	16	**4668685365000.000**	
	Hongos y levaduras	2260110563785600.000	16	**141256910236600.000**	
Total	Coliformes totales	1259430000.000	25		
	Mesófilos aerobios	242989145000000.000	25		
	Hongos y levaduras	7462378265340000.000	25		
Total corregido	Coliformes totales	1129013600.000	24		
	Mesófilos aerobios	178028768960000.000	24		
	Hongos y levaduras	6210848966498400.000	24		

De acuerdo a los resultados obtenidos en la tabla 7.23, se calculó en el software estadístico Spss Statistics los valores de la tabla de ANOVA, con los cuales se pudo estimar el valor de Fisher, el cual se obtuvo mediante la siguiente formula:

FO > F tablas (GL Numerador; GL Denominador)

$$Fisher = \frac{CM\ Tratamientos}{CM\ error}$$

Con apoyo de esta fórmula, se puede rechazar o aceptar la hipótesis nula o hipótesis alternativa.

Figura 7.1 Valores F de la distribución Fisher

Tabla 5. VALORES F DE LA DISTRIBUCIÓN F DE FISHER

1 - α = 0.95 v_1 = grados de libertad del numerador

1 - α = P (F ≤ f_{α, v_1, v_2}) v_2 = grados de libertad del denominador

v_2 \ v_1	1	2	3	4	5	6	7	8	9	10	11	12	13	14	15	16	17	18
1	161.446	199.499	215.707	224.583	230.160	233.988	236.767	238.884	240.543	241.882	242.981	243.905	244.690	245.363	245.949	246.466	246.917	247.324
2	18.513	19.000	19.164	19.247	19.296	19.329	19.353	19.371	19.385	19.396	19.405	19.412	19.419	19.424	19.429	19.433	19.437	19.440
3	10.128	9.552	9.277	9.117	9.013	8.941	8.887	8.845	8.812	8.785	8.763	8.745	8.729	8.715	8.703	8.692	8.683	8.675
4	7.709	6.944	6.591	6.388	6.256	6.163	6.094	6.041	5.999	5.964	5.936	5.912	5.891	5.873	5.858	5.844	5.832	5.821
5	6.608	5.786	5.409	5.192	5.050	4.950	4.876	4.818	4.772	4.735	4.704	4.678	4.655	4.636	4.619	4.604	4.590	4.579
6	5.987	5.143	4.757	4.534	4.387	4.284	4.207	4.147	4.099	4.060	4.027	4.000	3.976	3.956	3.938	3.922	3.908	3.896
7	5.591	4.737	4.347	4.120	3.972	3.866	3.787	3.726	3.677	3.637	3.603	3.575	3.550	3.529	3.511	3.494	3.480	3.467
8	5.318	4.459	4.066	3.838	3.688	3.581	3.500	3.438	3.386	3.347	3.313	3.284	3.259	3.237	3.218	3.202	3.187	3.173
9	5.117	4.256	3.863	3.633	3.482	3.374	3.293	3.230	3.179	3.137	3.102	3.073	3.048	3.025	3.006	2.989	2.974	2.960
10	4.965	4.103	3.708	3.478	3.326	3.217	3.135	3.072	3.020	2.978	2.943	2.913	2.887	2.865	2.845	2.828	2.812	2.798
11	4.844	3.982	3.587	3.357	3.204	3.095	3.012	2.948	2.896	2.854	2.818	2.788	2.761	2.739	2.719	2.701	2.685	2.671
12	4.747	3.885	3.490	3.259	3.106	2.996	2.913	2.849	2.796	2.753	2.717	2.687	2.660	2.637	2.617	2.599	2.583	2.568
13	4.667	3.806	3.411	3.179	3.025	2.915	2.832	2.767	2.714	2.671	2.635	2.604	2.577	2.554	2.533	2.515	2.499	2.484
14	4.600	3.739	3.344	3.112	2.958	2.848	2.764	2.699	2.646	2.602	2.565	2.534	2.507	2.484	2.463	2.445	2.428	2.413
15	4.543	3.682	3.287	3.056	2.901	2.790	2.707	2.641	2.588	2.544	2.507	2.475	2.448	2.424	2.403	2.385	2.368	2.353
16	4.494	3.634	3.239	3.007	2.852	2.741	2.657	2.591	2.538	2.494	2.456	2.425	2.397	2.373	2.352	2.333	2.317	2.302
17	4.451	3.592	3.197	2.965	2.810	2.699	2.614	2.548	2.494	2.450	2.413	2.381	2.353	2.329	2.308	2.289	2.272	2.257
18	4.414	3.555	3.160	2.928	2.773	2.661	2.577	2.510	2.456	2.412	2.374	2.342	2.314	2.290	2.269	2.250	2.233	2.217
19	4.381	3.522	3.127	2.895	2.740	2.628	2.544	2.477	2.423	2.378	2.340	2.308	2.280	2.256	2.234	2.215	2.198	2.182
20	4.351	3.493	3.098	2.866	2.711	2.599	2.514	2.447	2.393	2.348	2.310	2.278	2.250	2.225	2.203	2.184	2.167	2.151
21	4.325	3.467	3.072	2.840	2.685	2.573	2.488	2.420	2.366	2.321	2.283	2.250	2.222	2.197	2.176	2.156	2.139	2.123
22	4.301	3.443	3.049	2.817	2.661	2.549	2.464	2.397	2.342	2.297	2.259	2.226	2.198	2.173	2.151	2.131	2.114	2.098
23	4.279	3.422	3.028	2.796	2.640	2.528	2.442	2.375	2.320	2.275	2.236	2.204	2.175	2.150	2.128	2.109	2.091	2.075

Fuente: (UNAM, 2013).

En este caso, para poder aceptar o rechazar cualquier hipótesis, se tuvo que calcular los valores correspondientes a Tukey para poder determinar si existen diferencias significativas entre los resultados para realizar su comparación con la normatividad vigente.

- El valor de Fisher calculada para coliformes totales fue de 1.723 siendo menor al valor calculado de Fisher de tablas (2.591).

- El valor de Fisher para mesófilos aerobios fue de 2.767 siendo mayor al valor calculado de Fisher de tablas (2.591).
- El valor de Fisher para hongos y levaduras fue de 3.496 siendo mayor al valor calculado de Fisher de tablas (2.591).

Tomando en cuenta lo descrito anteriormente, se toma en cuenta la hipótesis nula cuando no hay diferencias entre las medias de los diferentes grupos: $\mu1 = \mu2 = \mu3 = \mu4$.
Y se considera la hipótesis alternativa cuando al menos un par de medias es significativamente distintas la una de la otra.

El Fisher de coliformes totales al ser menor que el Fisher de tablas, indica que se acepta la hipótesis nula y se rechaza la hipótesis alternativa, lo que significa que no hay diferencias significativas entre los resultados obtenidos y las queserías.

El Fisher de mesófilos aerobios al ser mayor que el Fisher de tablas, indica que se rechaza la hipótesis nula y se acepta la hipótesis alternativa, lo que significa que si existen diferencias significativas entre los resultados obtenidos y las queserías.

El Fisher de hongos y levaduras al ser mayor que el Fisher de tablas, indica que se rechaza la hipótesis nula y se acepta la hipótesis alternativa, lo que significa que si existen diferencias significativas entre los resultados obtenidos y las queserías.

Por otro lado, para obtener la comparación de medias por el método Tukey, se utilizó la siguiente fórmula para determinar por medio de diferentes literales a,b y c como forma de saber si en realidad existían diferencias por cada una de las medias calculadas.

$$w = q^* \sqrt{\frac{CME}{r}}$$

Para el Tukey de coliformes totales, mesófilos y hongos y levaduras, se consideró el mismo valor de tabla debido a que todos los tratamientos implementaron los mismos grados de libertad (16 GL del error) en el estudio.

Tukey= (n. Tratamientos; GL del error n')

Tukey= (3 Tratamientos; 16 gl)

Tukey= **3.65**

Figura 7.2 Continuación de la tabla Tukey

... continuación de la tabla de Tukey

9	0.05	3.20	3.95	4.42	4.76	5.02	5.24	5.43	5.60	5.74	5.87
	0.01	4.60	5.43	5.96	6.35	6.66	6.91	7.13	7.32	7.49	7.65
10	0.05	3.15	3.88	4.33	4.65	4.91	5.12	5.30	5.46	5.60	5.72
	0.01	4.48	5.27	5.77	6.14	6.43	6.67	6.87	7.05	7.21	7.36
11	0.05	3.11	3.82	4.26	4.57	4.82	5.03	5.20	5.35	5.49	5.61
	0.01	4.39	5.14	5.62	5.97	6.25	6.48	6.67	6.84	6.99	7.13
12	0.05	3.08	3.77	4.20	4.51	4.75	4.95	5.12	5.27	5.40	5.51
	0.01	4.32	5.04	5.50	5.84	6.10	6.32	6.51	6.67	6.81	6.94
13	0.05	3.06	3.73	4.15	4.45	4.69	4.88	5.05	5.19	5.32	5.43
	0.01	4.26	4.96	5.40	5.73	5.98	6.19	6.37	6.53	6.67	6.79
14	0.05	3.03	3.70	4.11	4.41	4.64	4.83	4.99	5.13	5.25	5.36
	0.01	4.21	4.89	5.32	5.63	5.88	6.08	6.26	6.41	6.54	6.66
15	0.05	3.01	3.67	4.08	4.37	4.60	4.78	4.94	5.08	5.20	5.31
	0.01	4.17	4.83	5.25	5.56	5.80	5.99	6.16	6.31	6.44	6.55
16	0.05	3.00	3.65	4.05	4.33	4.56	4.74	4.90	5.03	5.15	5.26
	0.01	4.13	4.78	5.19	5.49	5.72	5.92	6.08	6.22	6.35	6.46

Fuente: (Lifeder, 2020).

Finalmente, se pudo aplicar la fórmula Tukey, de la siguiente manera:

$$w = q^* \sqrt{\frac{\text{CME de coliformes totales}}{\text{repeticiones}}} = \frac{37907400}{1} = 37907400$$

$$w = q^* \sqrt{\frac{\text{CME de mesófilos aerobios}}{\text{repeticiones}}} = \frac{4668685365000}{1} = 4668685365000$$

$$w= q* \sqrt{\frac{\text{CME de hongos y levaduras}}{\text{repeticiones}}} = \frac{141256910236600}{1} = 141256910236600$$

Al solo considerarse 1 repetición por cada análisis, el valor de Tukey siguió igual que el resultado del cuadrado medio del error calculado.

Tabla 7.26 Medias marginales estimadas

Variable dependiente	Media	Desv. Error	Intervalo de confianza al 95%	
			Límite inferior	Límite superior
Coliformes totales	2284.000	1231.380	-326.408	4894.408
Mesófilos	1611960.000	432142.817	695858.151	2528061.849
Hongos y levaduras	7075392.000	2377031.007	2036311.371	12114472.629

La tabla 7.26 muestra la media de cada uno de los resultados obtenidos por cada prueba. Este se obtuvo realizando la suma de todas las UFC/gr, es decir, sumando todos los valores obtenidos por cada una de las pruebas (coliformes totales, mesófilos aerobios y hongos y levaduras) y dividiendo el total entre el número de diluciones sembradas en caja Petri (5 diluciones).

Tabla 7.27 Subconjuntos homogéneos para Coliformes totales

Coliformes Totales HSD Tukey[a,b]			
Quesería	N	Subconjunto 1	Subconjunto 2
YAZMIN	5	60.0000	
LA VIRGENCITA	5	1260.0000	
ROSALES	5	10100.0000	
OLY	5		0.0000
ANITA	5		0.0000
Sig.		0.119	

Nota: Se visualizan las medias para los grupos en los subconjuntos homogéneos. Se basa en las medias observadas.
Letra [a]: Subconjunto 1
Letra [b]: Subconjunto 2

Tabla 7.28 Subconjuntos homogéneos para Bacterias mesófilas aerobias

Bacterias Mesófilas Aerobias HSD Tukey[a,b]

Quesería	N	Subconjunto
		1
ANITA	5	240200.000
OLY	5	1029000.000
ROSALES	5	1598000.000
LA VIRGENCITA	5	2073600.000
YAZMIN	5	3119000.000
Sig.		0.265

Nota: Se visualizan las medias para los grupos en los subconjuntos homogéneos. Se basa en las medias observadas.
Letra [a]: Subconjunto 1

Tabla 7.29 Subconjuntos homogéneos de Hongos y levaduras

Hongos y Levaduras HSD Tukey[a,b]

Quesería	N	Subconjunto
		1
ANITA	5	704100.0000
OLY	5	1727000.0000
YAZMIN	5	7009860.0000
LA VIRGENCITA	5	12806000.0000
ROSALES	5	13130000.0000
Sig.		0.488

Nota: Se visualizan las medias para los grupos en los subconjuntos homogéneos. Se basa en las medias observadas.

Letra [a]: Subconjunto 1

El análisis de varianza (ANOVA) mostró que existen diferencias significativas ($\alpha=0.05$) entre las queserías con respecto al número de bacterias coliformes totales. La prueba de comparación de medias Tukey demostró que solo dos de tres queserías no presentaron crecimiento de bacterias coliformes, por lo que se les considera como quesos fuera del estudio por no representar una vía de contaminación directa.

Por otro lado, para el análisis estadístico de mesófilos aerobios y de hongos y levaduras, no se encontraron diferencias significativas, debido a que los valores representados por NMP/gr a pesar de exceder los límites permisibles por la NOM-121-SSA1-1994, no provocaron variaciones estadísticas que influyeran entre las medias.

7.3 Comparación de los resultados con los límites permisibles de la NOM-121-SSA1-1994

A continuación, se muestran nuevamente los resultados obtenidos por cada análisis microbiológico, expresados en UFC/gr para coliformes totales, bacterias mesófilas aerobias y hongos y levaduras. Y los resultados expresados en NMP/gr para lectura de tubos de ensaye de análisis como: coliformes fecales y determinación de *E. coli*. Para el caso de salmonella, solo 3 muestras resultaron positivas en cajas Petri. Ver <u>X. Anexos</u>. Además, de realizar la comparación de resultados con la NOM-121-SSA1-1994, se consideraron algunos trabajos publicados por diferentes autores a nivel nacional relacionados con la calidad sanitaria de quesos frescos, para conocer otras perspectivas dependiendo de la metodología utilizada.

Tabla 7.30 Comparación de Coliformes totales con la NOM-121-SSA1-1994

Quesería	Localización	$\bar{X}$ de UFC/gr	"Evaluación de la calidad microbiológica del queso asadero elaborado y comercializado en Villa Ahumada, Chihuahua, México. (Calderón, Ponce, Vidales & Arredondo, 2017)	Límite Permisible NOM-121-SSA1-1994
"La Virgencita"	Ozuluama	1.26E+03 ó 1260[a]	Queso 1 320 UFC/gr	<100 UFC/g ó UFC/ml
"Rosales"	Tempoal	1.01E+04 ó 10100[a]	Queso 2 280 UFC/gr	
"Yazmin"	Tantoyuca	6.00E+01 ó 60[a]	Queso 3 310 UFC/gr	
"Oly"	Ozuluama	0.00E+00 ó 0[b]	Queso 4 3800 UFC/gr	
"Anita"	Tempoal	0.00E+00 ó 0[b]	Queso 5 330 UFC/gr	

Nota: los valores con la misma letra no son significativamente diferentes Tukey $\alpha = 0.05$

Los resultados de la tabla, muestran que estadísticamente si existen diferencias significativas entre las queserías que fueron muestreadas. Por otro lado, se observó que en las muestras de la quesería "Oly" y la quesería "Anita" no presentaron crecimiento microbiano para coliformes totales en caja Petri, como se observa en el <u>Anexo 2. Evidencias de UFC/gr en cajas Petri de Coliformes totales</u> . Siendo solo 3 muestras las que presentaron un crecimiento microbiana mayor, demostrando que las dos queserías pertenecientes a Ozuluama "La Virgencita" y "Rosales" superaron por mucho el límite permisible. Estos resultados son similares a los obtenidos por (Calderón, Ponce, Vidales & Arredondo, 2017) en su trabajo titulado "Evaluación de la calidad microbiológica del queso asadero elaborado y comercializado en Villa ahumada, Chihuahua, México". En este trabajo, hacen especial énfasis sobre que este indicador evidencia la mala calidad sanitaria del queso asadero que llega al consumidor.

De igual forma, las 5 muestras analizadas por (Calderón, Ponce, Vidales & Arredondo, 2017) superaron el límite máximo permitido por la NOM-121-SSA1-1994. Este indicador es provocado principalmente por la falta de pasteurización de la leche, reflejando las malas condiciones de higiene en el proceso de producción del queso.

Tabla 7.31 Comparación de Bacterias mesófilas aerobias con la NOM-121-SSA1-1994

Quesería	Localización	$\bar{X}$ de UFC/gr	"Evaluación de la calidad microbiológica del queso asadero elaborado y comercializado cn Villa Ahumada, Chihuahua, México. (Calderón, Ponce, Vidales & Arredondo, 2017)	Límite Permisible NOM-121-SSA1-1994
"La Virgencita"	Ozuluama	2.07E+06 ó 2073600[a]	Queso 1 3430 UFC/gr	<100 UFC/g ó UFC/ml
"Oly"	Ozuluama	1.03E+06 ó 1029000[a]	Queso 2 1680 UFC/gr	
"Rosales"	Tempoal	1.60E+06 ó 1598000[a]	Queso 3 23600 UFC/gr	
"Anita"	Tempoal	2.40E+05 ó 240200[a]	Queso 4 28500 UFC/gr	
"Yazmin"	Tantoyuca	3.12E+06 ó 3119000[a]	Queso 5 2930 UFC/gr	

Nota: los valores con la misma letra no son significativamente diferentes Tukey $\alpha = 0.05$

Los resultados de la tabla, muestran que estadísticamente no existen diferencias significativas entre los resultados en UFC/gr de mesófilos aerobios de las queserías que fueron muestreadas. Se observó que el queso asadero de la quesería "Anita" fue la muestra con el menor índice de crecimiento. Siendo la muestra de la quesería "La Virgencita" quien obtuvo el mayor número de colonias, como se observa en el Anexo 1. Evidencias de UFC/gr en cajas Petri de Mesófilos aerobios . Estos resultados son similares a los obtenidos por (Calderón, Ponce, Vidales & Arredondo, 2017) en su trabajo titulado "Evaluación de la calidad microbiológica del queso asadero elaborado y comercializado en Villa ahumada, Chihuahua, México".

Sin embargo, aunque sus resultados superaran lo establecido en la norma, el crecimiento microbiano de mesófilos aerobios fue considerablemente menor comparado con los resultados obtenidos en este trabajo.

En el trabajo realizado por (Calderón, Ponce, Vidales & Arredondo, 2017) se establece que los mesófilos aerobios solo indican la cantidad de microorganismos viables presentes en las muestras de quesos, sin considerarse como agentes nocivos a la salud.

Tabla 7.32 Comparación de Hongos y levaduras con la NOM-121-SSA1-1994

Quesería	Localización	$\overline{X}$ de UFC/gr	"Estudio de vida útil del queso asadero" (Inungaray & Hernández, 2018)	Límite Permisible NOM-121-SSA1-1994
"La Virgencita"	Ozuluama	1.28E+07 ó 12806000[a]	>500 UFC/gr	
"Oly"	Ozuluama	1.73E+06 ó 1727000[a]	>500 UFC/gr	
"Rosales"	Tempoal	1.31E+07 ó 13130000[a]	>500 UFC/gr	500 UFC/gr
"Anita"	Tempoal	7.04E+05 ó 704100[a]	>500 UFC/gr	
"Yazmin"	Tantoyuca	8.76E+06 ó 8762250[a]	>500 UFC/gr	

Nota: los valores con la misma letra no son significativamente diferentes Tukey $\alpha = 0.05$

Los resultados de la tabla, muestran que estadísticamente no existen diferencias significativas entre los resultados en UFC/gr de mohos y levaduras de las queserías que fueron muestreadas. Se observó que el queso asadero de la quesería "Anita" es la muestra con el menor índice de crecimiento en todas las pruebas utilizando Cajas Petri, como se observa en el Anexo 3. Evidencias de UFC/gr en cajas Petri de Hongos y levaduras . Siendo las muestras de la quesería

"La Virgencita" y la quesería "Rosales" quienes obtuvieron el mayor número de crecimiento, demostrando así que ambos quesos han superado el límite apto de microorganismos en queso fresco.

Analizando el trabajo de (Inungaray & Hernández, 2018) titulado "Estudio de vida útil del queso asadero", la cantidad de mohos y levaduras fue >500 UFC/g. En su trabajo, se consideran dos periodos de estudio, y se almacenan los quesos a tres diferentes temperaturas (10, 20 y 30°C). Al implementar otro tipo de metodología modificando las condiciones de tiempo y almacenado del queso, se genera el medio ideal para el desarrollo de hongos. Se establece que al igual que en la Huasteca Hidalguense, en la región de San Luis Potosí, es bastante común, restar importancia la cuenta de mohos y levaduras, pues se considera que al utilizar leche sin pasteurizar, es más probable que estos microorganismos excedan el límite establecido en la normatividad vigente.

Tabla 7.33 Comparación de Coliformes fecales con la NOM-121-SSA1-1994

Quesería	Localización	NMP/gr	"Estudio de vida útil del queso asadero" (Inungaray & Hernández, 2018)	Límite Permisible NOM-121-SSA1-1994
"La Virgencita"	Ozuluama	24 NMP/gr	Queso 1 T1 (10°C)= 2.8 NMP/gr T2 (20°C)= 2.8 NMP/gr T3 (30°C)= 4.6 NMP/gr	
"Rosales"	Tempoal	> 110 NMP/gr	Queso 2 T1 (10°C)= 2.0 NMP/gr T2 (20°C)= 2.8 NMP/gr T3 (30°C)= 0.3 NMP/gr	100 NMP/gr
"Yazmin"	Tantoyuca	0.92 NMP/gr	Queso 3 T1 (10°C)= 1.1 NMP/gr T2 (20°C)= 2.8 NMP/gr T3 (30°C)= ≥ 240 NMP/gr	

El número de queserías a partir de esta prueba se redujo a tres, debido a que al no haber presencia de microorganismos coliformes totales en el queso asadero de la quesería "Oly" y la quesería "Anita" se les excluyo por falta de actividad microbiana de los mismos, como se observa en el <u>Anexo 4. Evidencias de NMP/gr en tubos de ensaye para Coliformes fecales</u>.

Se puede observar en la tabla que el queso asadero de la quesería "Rosales" fue el único que supero el límite establecido por la normatividad vigente, marcando un resultado >100 NMP/gr. En cambio, las dos queserías restantes "La Virgencita" y "Yazmin", tuvieron resultados admisibles dentro del límite, marcando 24 NMP/gr y 0.92 NMP/gr respectivamente.

Analizando el trabajo de (Inungaray & Hernández, 2018) titulado "Estudio de vida útil del queso asadero", al implementar diferentes temperaturas de conservación los resultados en coliformes fecales variaron un poco, pero no sobrepasaron el límite establecido. A excepción del queso tres conservado a una temperatura de 30°C, el cuál si superó el rango marcado obteniendo un resultado $\geq$ 240 NMP/gr.

Tabla 7.34 Comparación de *Escherichia coli* con la NOM-121-SSA1-1994

Quesería	Localización	NMP/gr	"Caracterización microbiológica de algunos Quesos tipo Chihuahua elaborados en Rio Grande, Zacatecas" (Cruz, Márquez & Vaquera, 2022)	Límite Permisible NOM-121-SSA1-1994
"La Virgencita"	Ozuluama	24 NMP/gr	Queso 1 6.8 NMP/gr	$\leq$ 3 NMP/g o ml
"Rosales"	Tempoal	> 110 NMP/gr	Queso 2 14 NMP/gr	
"Yazmin"	Tantoyuca	0.92 NMP/gr	Queso 3 9.5 NMP/gr	

Los valores obtenidos en la tabla 7.31 para la determinación de *E. coli*, demuestran que el queso asadero de la quesería "Rosales" y la quesería "La Virgencita" superaron nuevamente el límite permisible estipulado por la norma (≤ 3 NMP/gr).

En cambio, solo la quesería "Yazmin", obtuvo un resultado admisible dentro del límite, marcando 0.92 NMP/gr respectivamente. La aparición de gas en los tubos Durham se puede observar en el <u>Anexo 5. Evidencias de NMP/gr en tubos de ensaye para identificación de E. coli</u>

De acuerdo al trabajo realizado por (Cruz, Márquez & Vaquera, 2022) titulado "Caracterización microbiológica de algunos Quesos tipo Chihuahua elaborados en Rio Grande, Zacatecas", nos indican que los tres tipos de quesos, están fuera del límite establecido, aun cuando fueron menores a los resultados marcados en este proyecto. Esto se debe a que la presencia de esta bacteria es causada por la mala higiene al momento de la elaboración y a la contaminación cruzada en el manejo de utensilios para cortar el queso, en los distintos súper mercados de la región de Rio Grande.

Tabla 7.35 Comparación de *Salmonella spp* con la NOM-121-SSA1-1994

Quesería	Localización	Salmonella en 25 g	" Evaluación de la calidad sanitaria de quesos crema tropical mexicano de la región de Tonalá, Chiapas" (Castillo, Ruelas, Castillo & Moreno, 2009)	Límite Permisible NOM-121-SSA1-2010
"La virgencita"	Ozuluama	+	Queso 1 Ausente	
"Rosales"	Tempoal	+	Queso 2 Positivo	NEGATIVO
"Yazmin"	Tantoyuca	+	Queso 3 Ausente	

De los tres quesos muestreados, las pruebas indicaron positivo a salmonella en las tres queserías, aun cuando fueran almacenadas en refrigeración, se ha demostrado que esta bacteria puede sobrevivir en bajas temperaturas. La formación de colonias rosadas y negras en cajas Petri se observa en el <u>Anexo 7. Evidencias de identificación y aislamiento de Salmonella spp en cajas Petri.</u>

En un estudio realizado por (Castillo, Ruelas, Castillo & Moreno, 2009) titulado "Evaluación de la calidad sanitaria de quesos crema tropical mexicano de la región de Tonalá, Chiapas", se observó que en la región de Tonalá, en el mes de marzo las temperaturas son superiores a 37°C, lo que favorece el desarrollo de microorganismos contaminantes. Adicionalmente, se demostró que la muestra 2 resultó positiva cuando su Aw supero el rango de 0.93, el cual indica que a mayor Aw, es más probable que resista esta bacteria. La presencia de estas bacterias en los quesos, no solo indica malas prácticas de higiene en su elaboración, además, esto demuestra la ineficiencia del proceso de pasteurización.

VIII. Conclusiones

A través del desarrollo del proyecto "Evaluación de la calidad sanitaria del queso asadero comercializado en el mercado municipal de Huejutla de Reyes, Hgo.", se logró determinar con éxito que, de 5 muestras de queso asadero, pertenecientes a diferentes queserías, el 100% presentó alto crecimiento microbiano.

Los indicadores de la calidad sanitaria con mayor presencia en las muestras fueron las bacterias mesófilas aerobias, hongos y levaduras, y coliformes fecales (BCF).

Los resultados de coliformes fecales y *Escherichia coli* fueron mayores de 110 NMP/gr, superando ampliamente los estándares microbiológicos de la NOM-121-SSA1-1994.

Por otro lado, el análisis estadístico Tukey no estableció diferencias significativas entre las medias obtenidas ($\alpha= 0.05$), a excepción de los coliformes totales de la quesería "Oly" y la quesería "Anita" las cuales no tuvieron crecimiento en ninguna de las diluciones, descartándose para el análisis de coliformes fecales, *E. coli* y *salmonella spp*. Después de haber calculado las medias de las tres pruebas restantes, se pudo comprobar que si existen diferencias significativas de los valores obtenidos con los valores marcados en la NOM-121-SSA1-1994, excediendo en su mayoría el nivel de contaminación.

El queso asadero de la quesería "Anita" aun cuando superó los límites de la norma, fue la muestra con el menor índice de crecimiento en todas las pruebas utilizando la técnica de UFC (Coliformes totales, bacterias mesófilas aerobias y hongos y levaduras). Las muestras de la quesería "La Virgencita" y la quesería "Rosales" fueron quienes obtuvieron el mayor número de contaminación para todos los análisis, siendo mayor el crecimiento en análisis de mesófilos aerobios, coliformes fecales y de *E. coli*.

Estos resultados demuestran que aunque la mayoría de los quesos analizados han superado el límite apto de microorganismos en queso fresco, en muchas ocasiones, aunque los mismos quesos proceden de un mismo proveedor, existen diferentes factores que afectan la calidad sanitaria del queso fuera de la cadena de producción; que van desde el transporte, almacenado y por ultimo las condiciones de higiene en el establecimiento.

Comparando estos resultados, con los obtenidos por (Calderón, Ponce, Vidales & Arredondo, 2017) quienes reportaron haber encontrado una alta carga bacteriana de mesófilos en las 5 muestras de queso, argumentan que solo son indicadores de la cantidad de microorganismos viables presentes en los alimentos sin considerarse como un riesgo al consumidor, dependiendo mucho del estado de conservación de los mismos.

En la mayoría de trabajos que determinaron *Salmonella spp* en una muestra de 25 gr, solo se estima la presencia o ausencia del mismo, pero si se considera en todos los casos un llamado de atención por los riesgos y daños a la salud para el infectado por la bacteria.

Estos resultados resaltan la importancia de concientizar a los diferentes vendedores de queso de la región, acerca de las consecuencias que tiene para la salud, el no aplicar las debidas regulaciones sanitarias al momento de producir y comercializar sus productos por diferentes localidades.

El principal riesgo para la salud radica en que los quesos pueden aún conservar las cualidades sensoriales esperadas por el consumidor, pero aun así pueden sobrepasar los límites microbiológicos establecidos para los microorganismos patógenos de importancia a la salud.

Es necesario implementar medidas correctivas para todos los productores de queso, haciéndolos responsables de vender productos que cumplan con las correctas medidas de higiene, cuidando todo la cadena de proceso, desde el proceso de ordeño, la aplicación de un adecuado proceso de pasteurización estándar de 72° C durante 15 segundos, y el adecuado envase del queso en bolsas que no alteren las características fisicoquímicas del mismo durante su transporte y posterior venta.

IX. Referencias bibliográficas

Cajal, A. (15 de Diciembre de 2022). Prueba de Tukey: en qué consiste, caso de ejemplo, ejercicio resuelto. Recuperado de lifeder: https://www.lifeder.com/prueba-de-tukey/

Castillo, P. A., Leyva Ruelas, G., J. G, C., & Santos-Moreno, A. (2009). *Revista Mexicana de Ingeniería Química*. Evaluación de la calidad sanitaria de quesos crema tropical mexicano de la región de Tonalá, Chiapas, p. 10.

Carrillo-Inungaray, M. L., & Mondragón-Hernández, F. (2018). Estudio de vida útil del queso asadero. Recuperado de uaslp: https://respyn.uanl.mx/index.php/respyn/article/download/291/272/542

Federación, D. O. (23 de Febrero de 1996). NORMA Oficial Mexicana NOM-121-SSA1-1994, Bienes y servicios. Quesos: frescos, madurados y procesados. Especificaciones sanitarias. Recuperado de Diario oficial de la federación: https://dof.gob.mx/nota_detalle.php?codigo=4872312&fecha=23/02/1996#gsc.tab=0

Federación, D. O. (10 de Mayo de 1995). NORMA Oficial Mexicana NOM-113-SSA1-1994, Bienes y servicios. Método para la cuenta de microorganismos coliformes en placa. Recuperado de Diario Oficial de la federación: http://www.ordenjuridico.gob.mx/Documentos/Federal/wo69536.pdf

Federación, D. O. (10 de Mayo de 1995). NORMA Oficial Mexicana NOM-113-SSA1-1994, Bienes y servicios. Método para la cuenta de microorganismos coliformes totales en placa. Recuperado de Diario Oficial de la Federación: http://www.ordenjuridico.gob.mx/Documentos/Federal/wo69536.pdf

Federación, D. O. (26 de Junio de 2015). NORMA Oficial Mexicana NOM-210-SSA1-2014, Productos y servicios. Métodos de prueba microbiológicos. Determinación de microorganismos indicadores. Determinación de microorganismos patógenos. Recuperado de Diario Oficial de la Federación: https://dof.gob.mx/nota_detalle.php?codigo=5398468&fecha=26/06/2015#gsc.tab=0

Federación, D. O. (13 de Septiembre de 1995). NORMA Oficial Mexicana NOM-111-SSA1-1994, Bienes y servicios. Método para la cuenta de mohos y levaduras en alimentos. Recuperado de Diario Oficial de la Federación: https://dof.gob.mx/nota_detalle.php?codigo=4881226&fecha=13/09/1995#gsc.tab=0

Hernández, G. M. (Diciembre de 2002). Evaluación microbiológica del queso Cabaña. Recuperado de https://bdigital.zamorano.edu/server/api/core/bitstreams/dc6cd678-6b9f-4432-b14e-0ce5adcdc313/content

Quiroga Calderón, E., Borrego Ponce, B., Janacua Vidales, H., & Olguín Arredondo, H. (Diciembre 2017). *El Centauro*: Evaluación de la calidad microbiológica del queso asadero elaborado y comercializado en Villa Ahumada, Chihuahua, México, p. 10.

Santamarina García, G., M. Fresno, J., Virto, M., Amores, G., & Aranceta, J. (1 de Octubre de 2020). La microbiota del queso y su importancia funcional. Recuperado de https://www.renc.es/imagenes/auxiliar/files/RENC_2020_4_10._-RENC-D-20-0037.pdf

Sanz, M. (4 de junio de 2021). ¿Todos los microorganismos que se encuentran en el queso son beneficiosos? Recuperado de betelgeux: https://www.betelgeux.es/blog/2021/06/04/todos-los-microorganismos-que-se-encuentran-en-el-queso-son-beneficiosos/#:~:text=Los%20microorganismos%20m%C3%A1s%20importantes%20en,y%20Lactococcus%20spp

Soria, R. (Febrero 2020). Evaluación de la calidad microbiológica en queso fresco y adobera, de la región Tierra Caliente del estado de Michoacán. Recuperada de: http://bibliotecavirtual.dgb.umich.mx:8083/xmlui/bitstream/handle/DGB_UMICH/2035/FQFB-R-M-2020-0245.pdf?sequence=1&isAllowed=y

Tot Formatge. (19 de octubre de 2022). El queso: clasificaciones. Recuperado de: https://totformatge.com/es/formatgepedia/el-queso-clasificaciones/#:~:text=4-,Por%20la%20textura%20o%20por%20la%20consistencia%20de%20la%20pasta,m%C3%A1s%20del%2067%25%20de%20humedad

X. Anexos

Anexo 1. Evidencias de UFC/gr en cajas Petri de Mesófilos aerobios

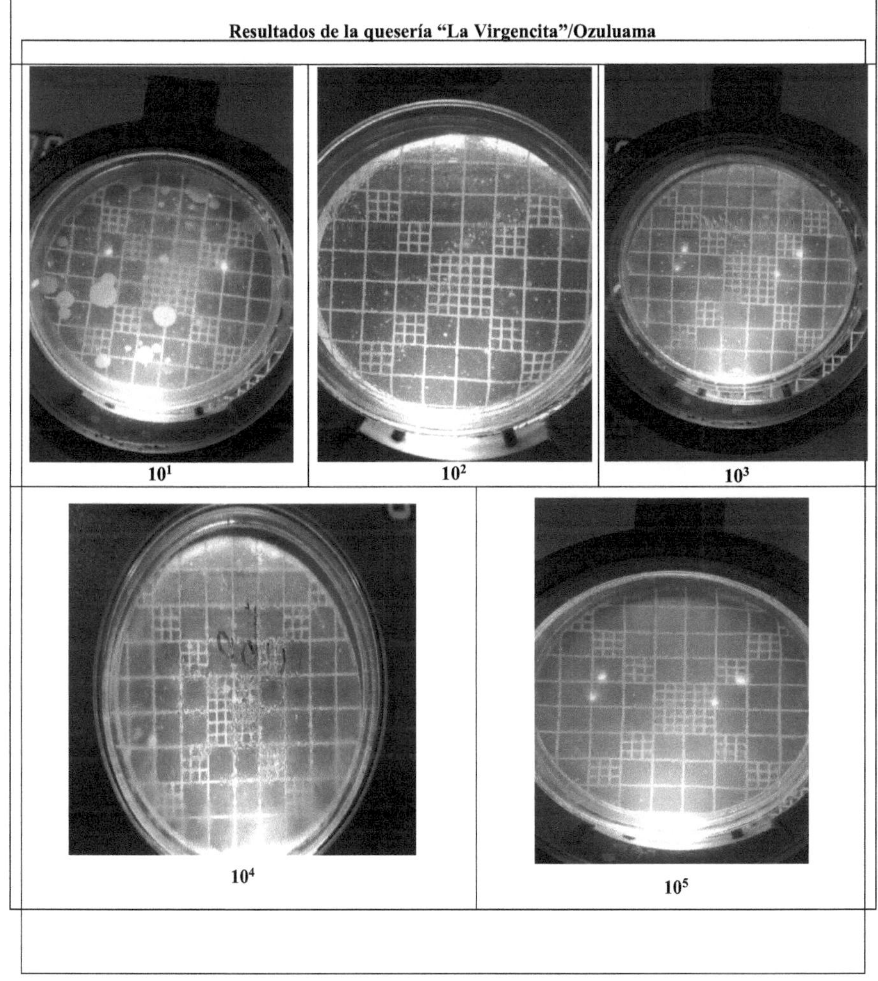

Resultados de la quesería "Oly"/Ozuluama

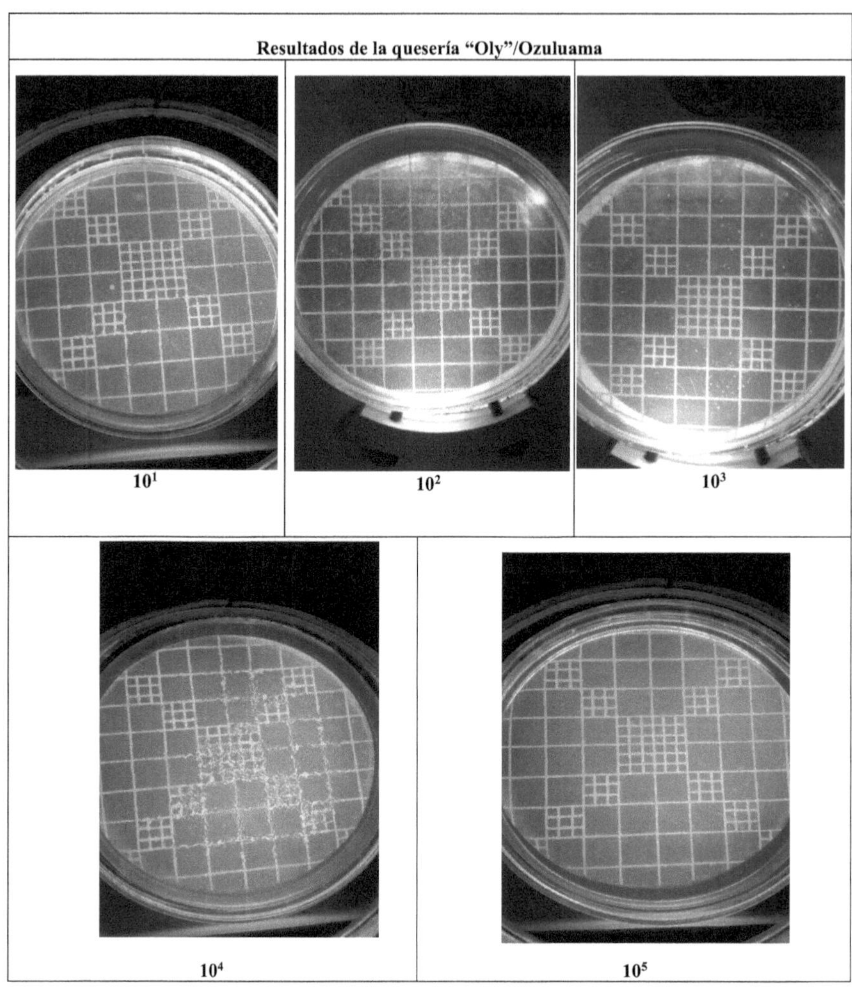
10^1
10^2
10^3
10^4
10^5

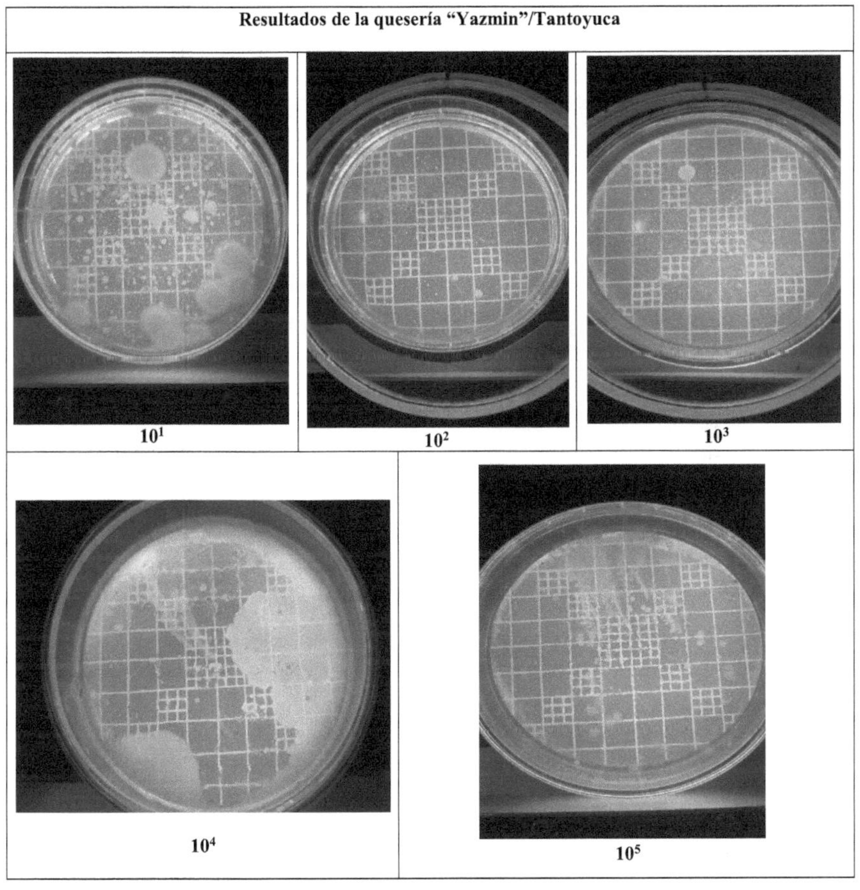

Resultados de la quesería "Yazmin"/Tantoyuca
10^1
10^2
10^3
10^4
10^5

Resultados de la quesería "Rosales"/Tempoal

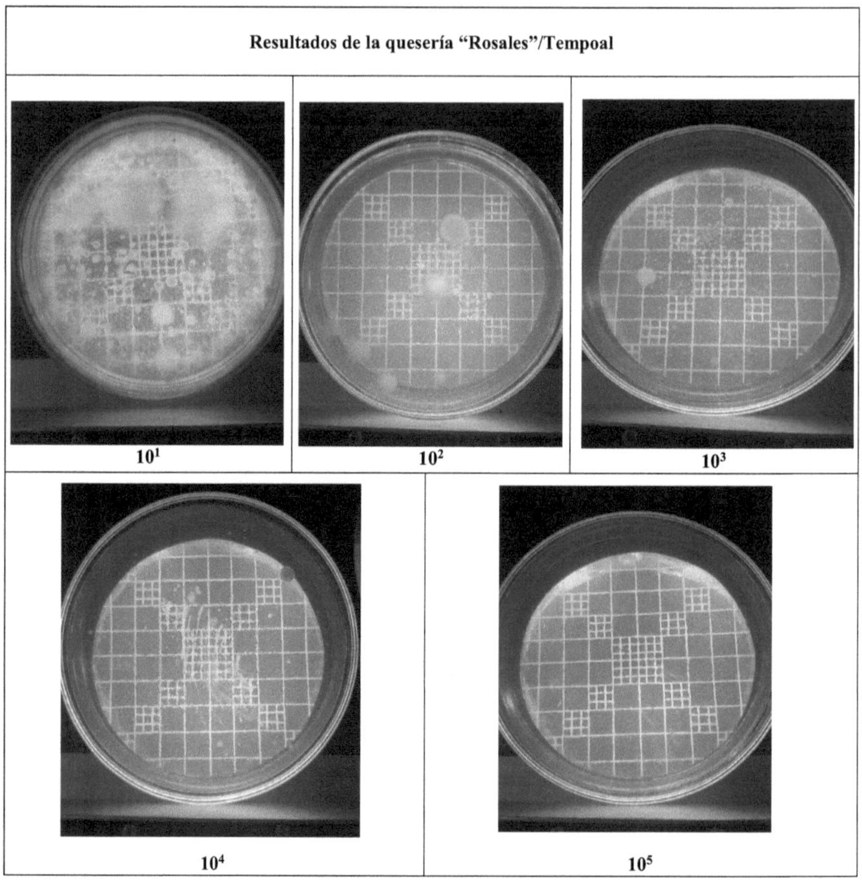

10^1
10^2
10^3
10^4
10^5

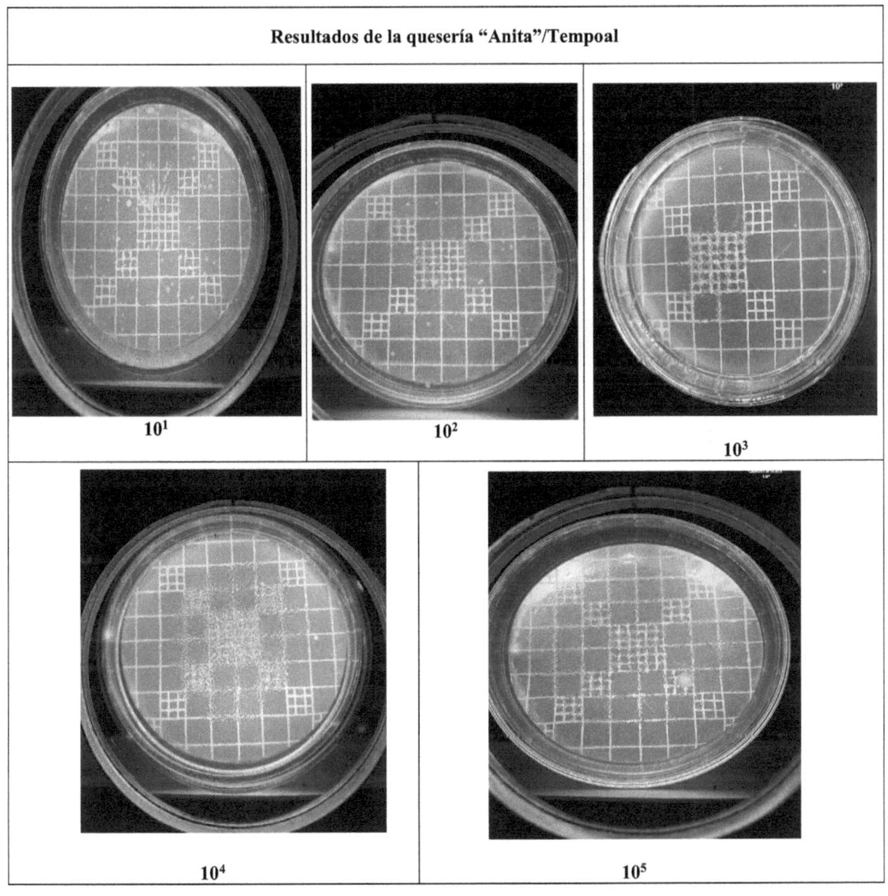

Resultados de la quesería "Anita"/Tempoal
10^1
10^2
10^3
10^4
10^5

Resultados de la quesería "La Virgencita"/Ozuluama

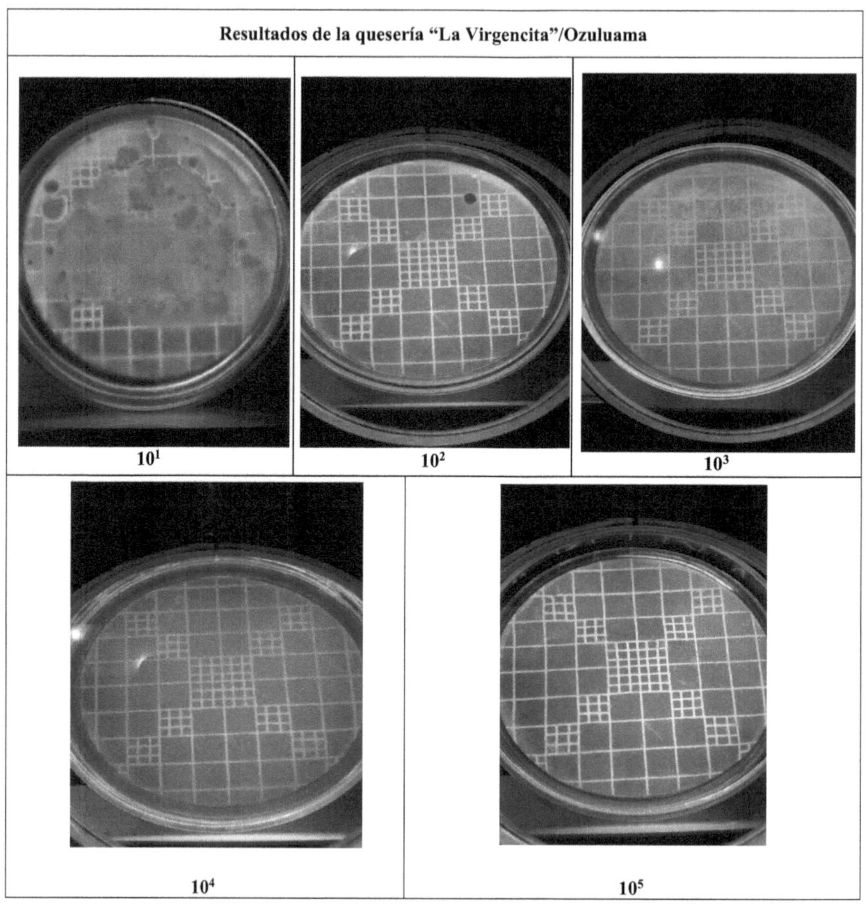

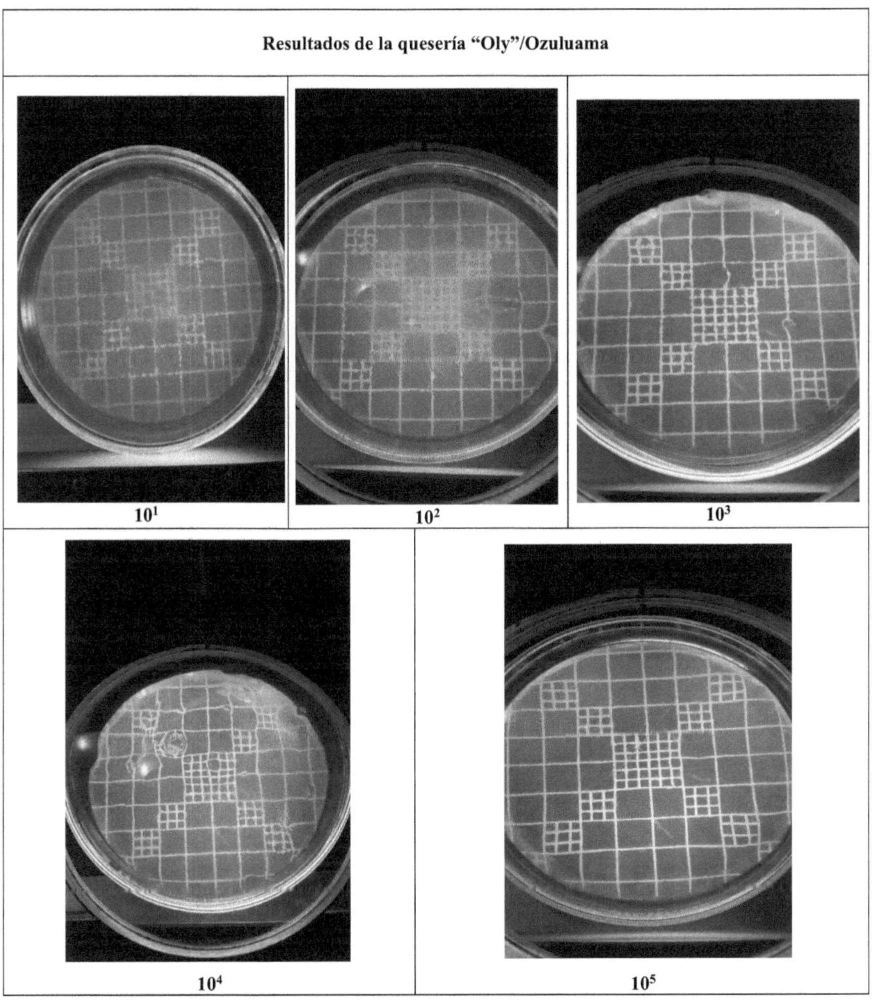

Resultados de la quesería "Oly"/Ozuluama
10¹
10²
10³
10⁴
10⁵

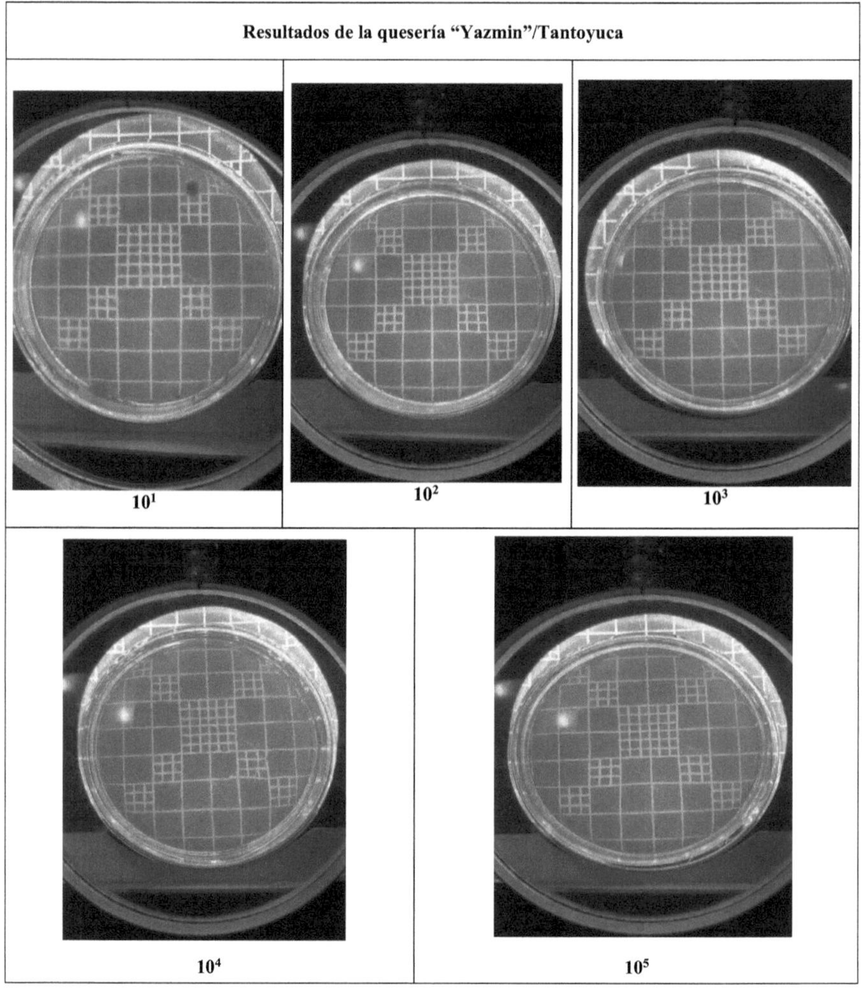

Resultados de la quesería "Yazmin"/Tantoyuca
10^1
10^2
10^3
10^4
10^5

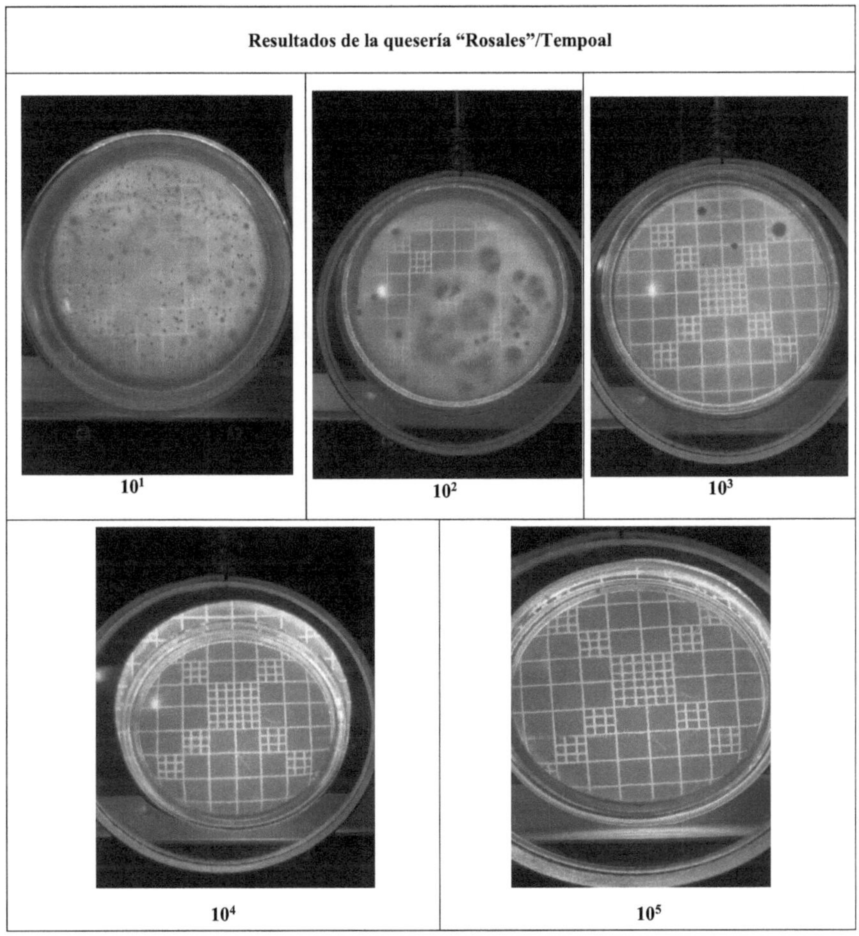
Resultados de la quesería "Rosales"/Tempoal
10^1
10^2
10^3
10^4
10^5

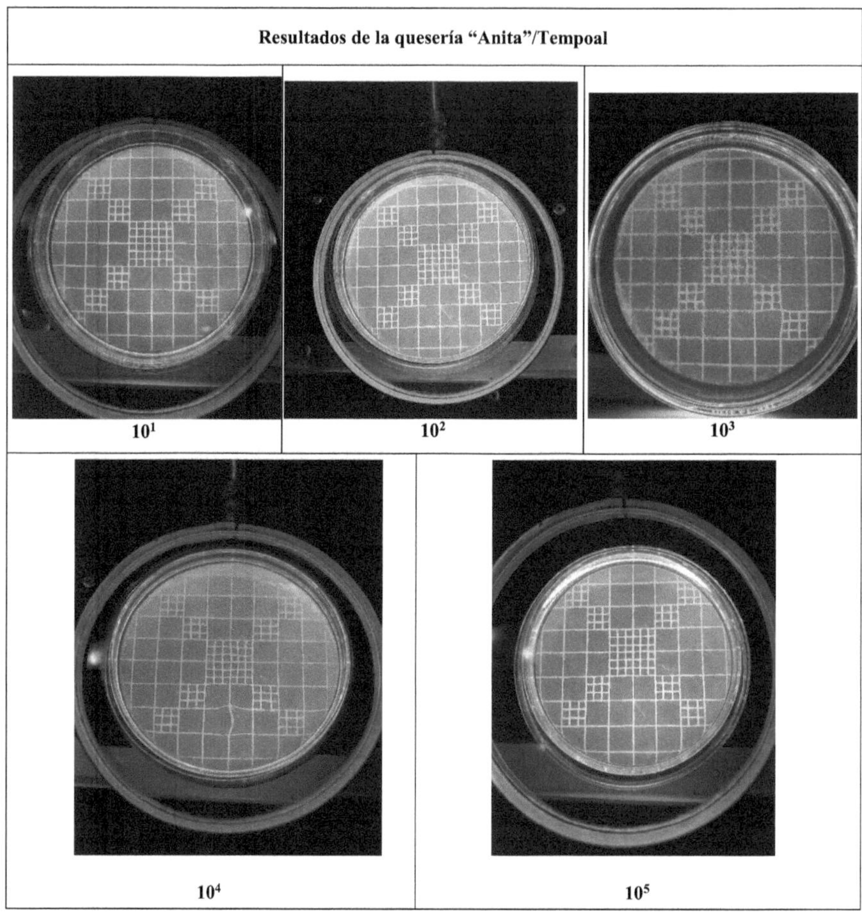

Resultados de la quesería "Anita"/Tempoal
10^1
10^2
10^3
10^4
10^5

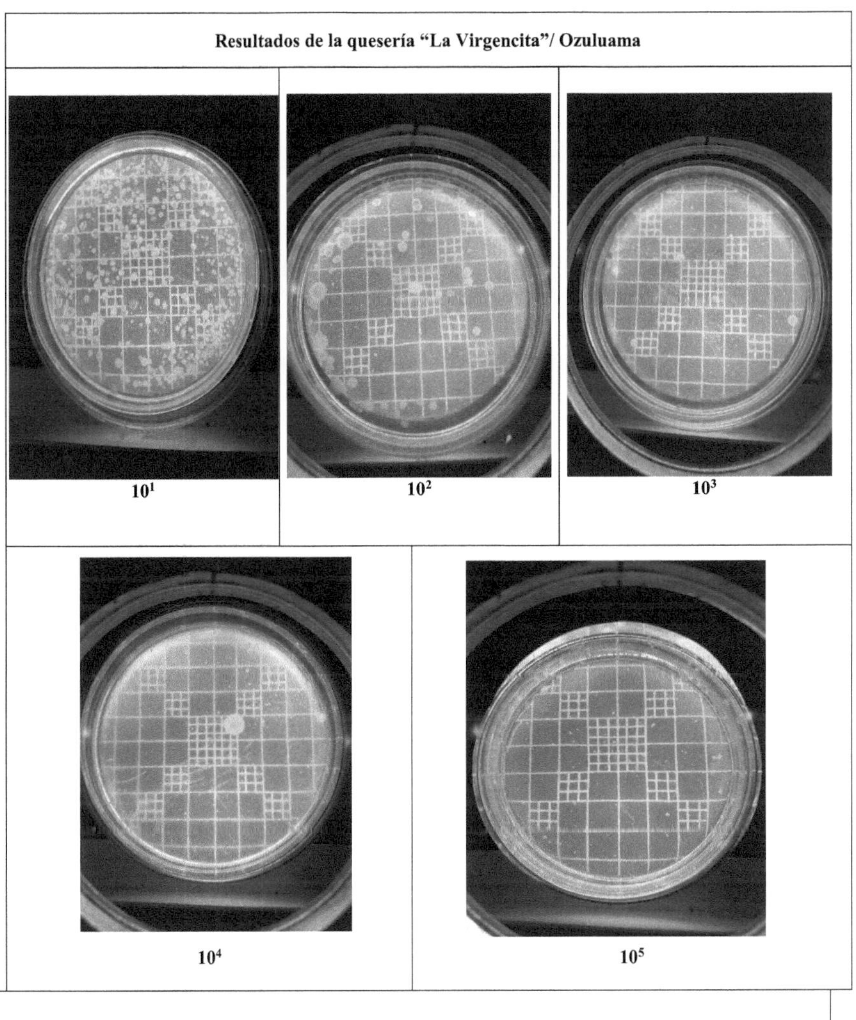

Resultados de la quesería "La Virgencita"/ Ozuluama
10^1
10^2
10^3
10^4
10^5

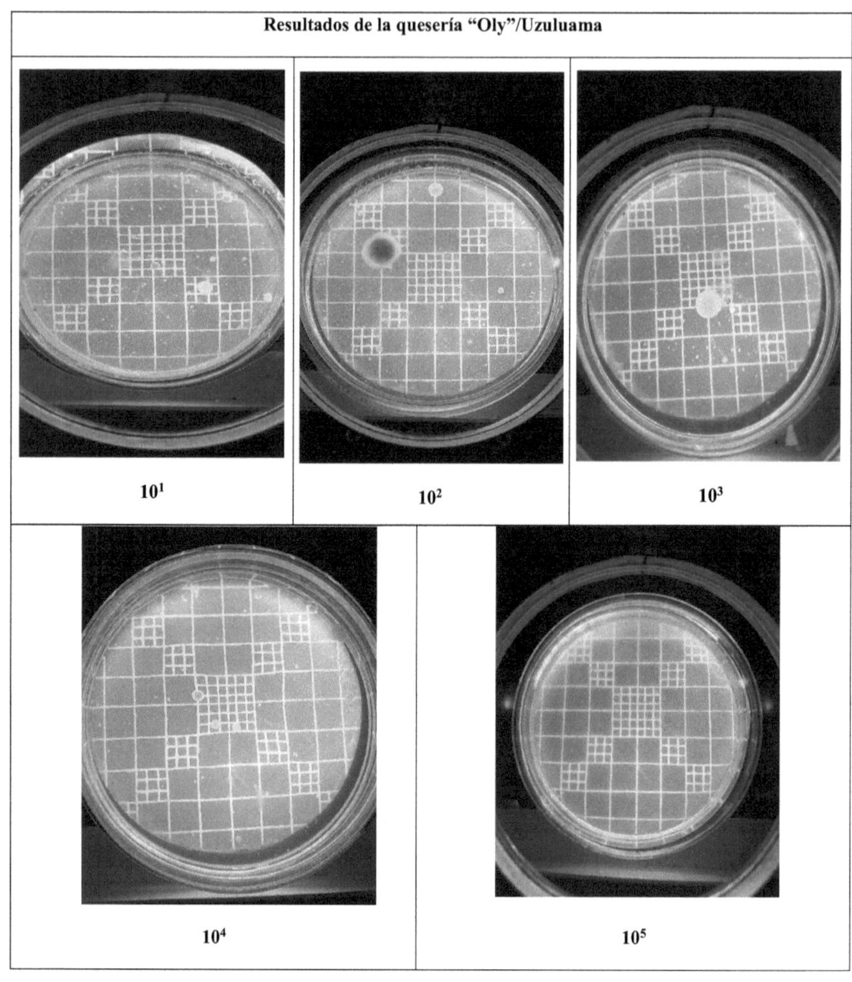
Resultados de la quesería "Oly"/Uzuluama
10^1
10^2
10^3
10^4
10^5

Resultados de la quesería "Yazmin" / Tantoyuca		

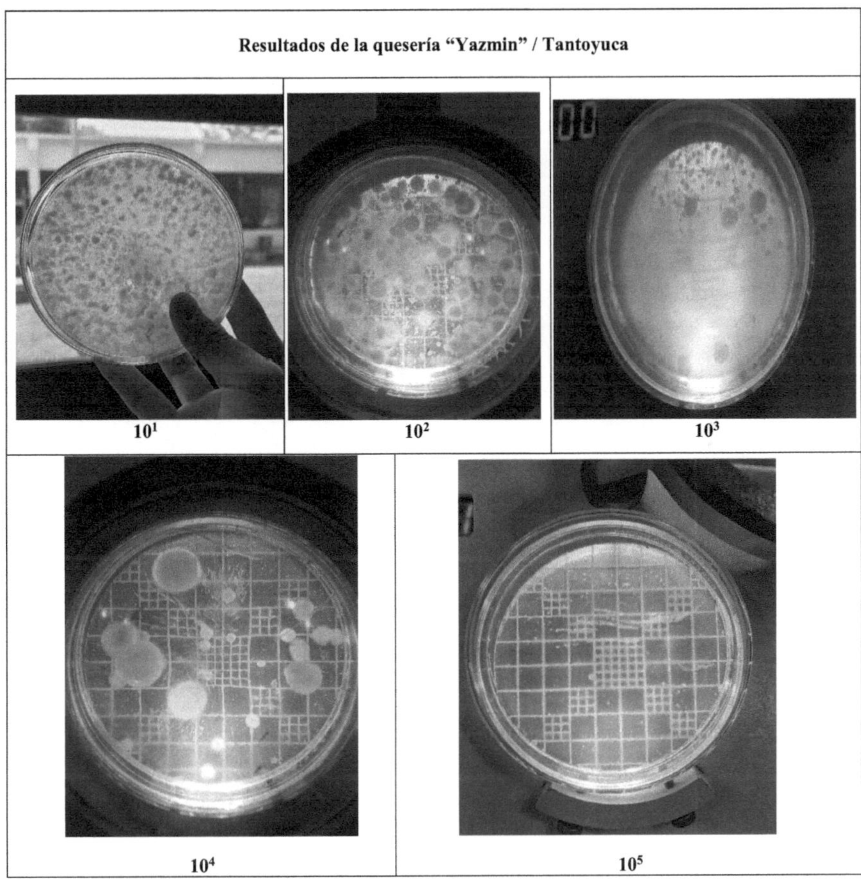

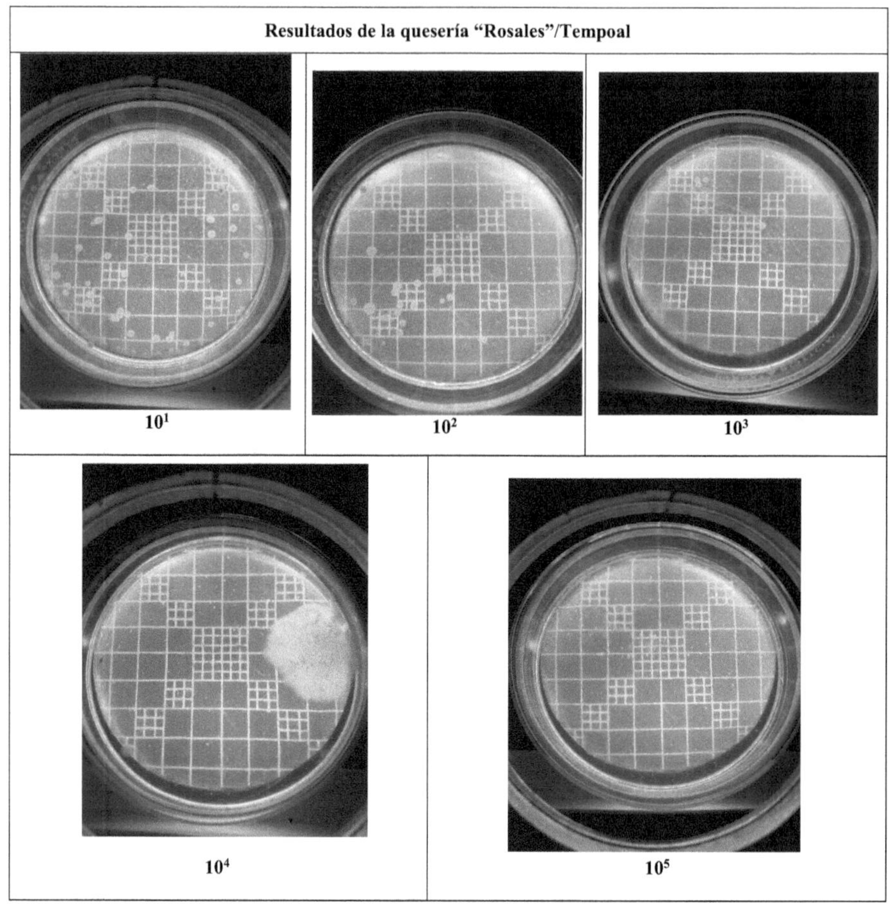
Resultados de la quesería "Rosales"/Tempoal
10^1
10^2
10^3
10^4
10^5

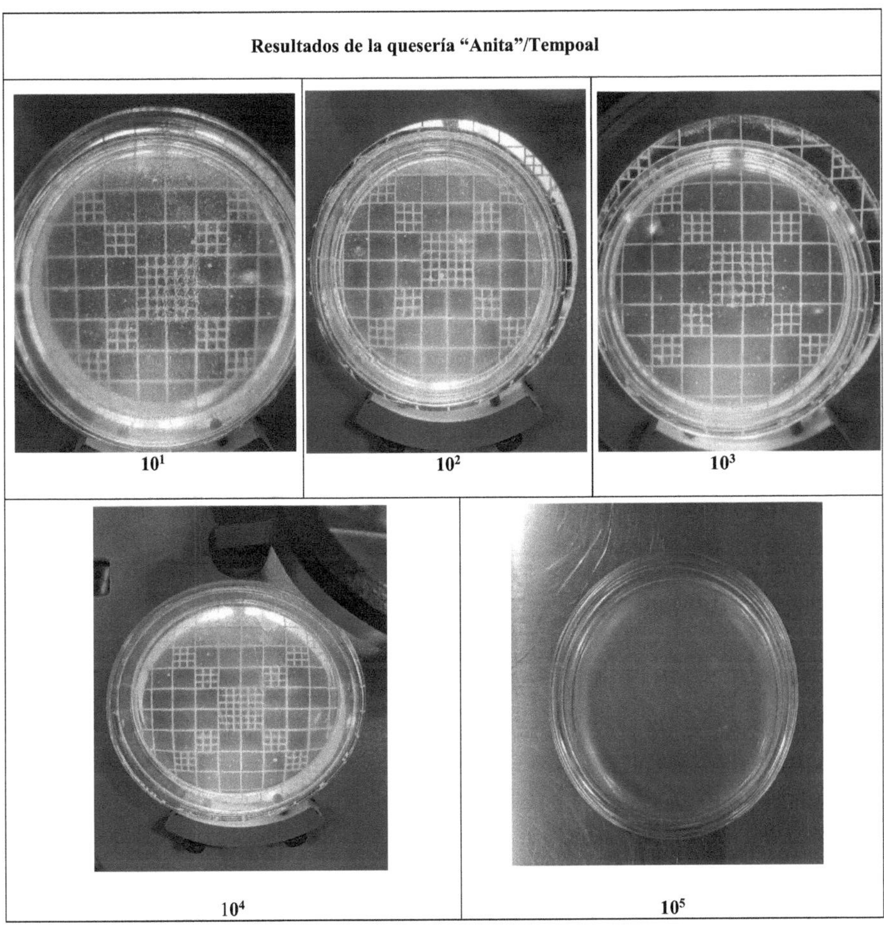

Resultados de la quesería "Anita"/Tempoal	
10^1	10^2
10^3	
10^4	10^5

Prueba confirmativa en caldo verde bilis brillante
Quesería "Rosales"/Tempoal

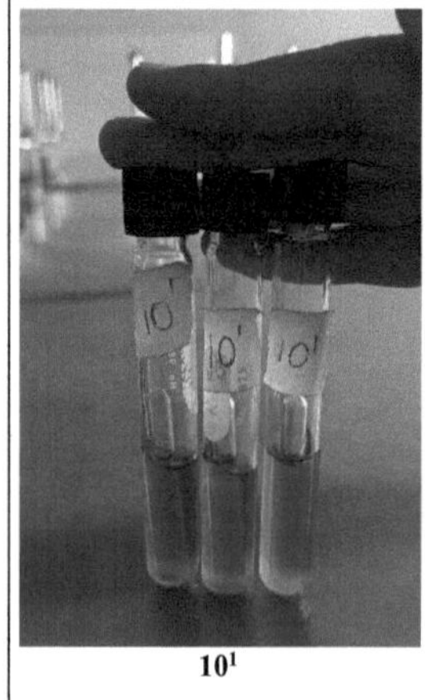

10^1

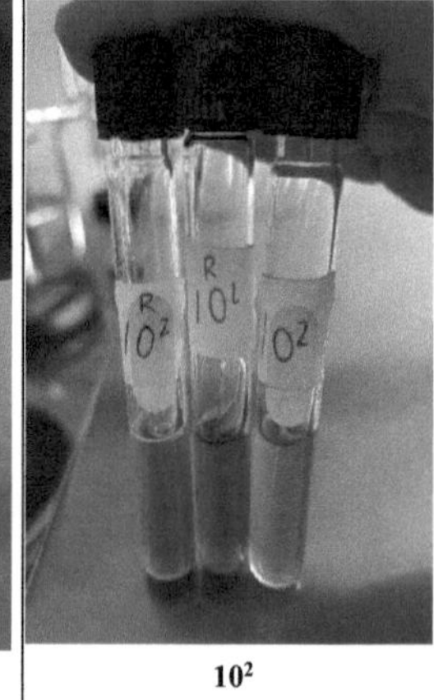

10^2

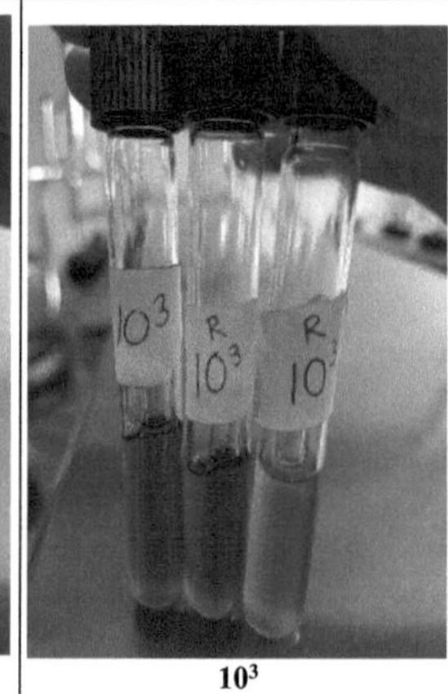

10^3

Prueba confirmativa en caldo verde bilis brillante
Quesería "Yazmin"/Tantoyuca

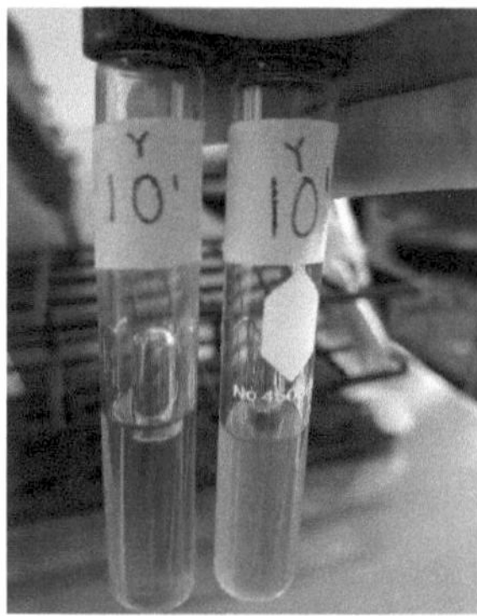

10^1

Prueba confirmativa en caldo verde bilis brillante
Quesería "La Virgencita"/Ozuluama

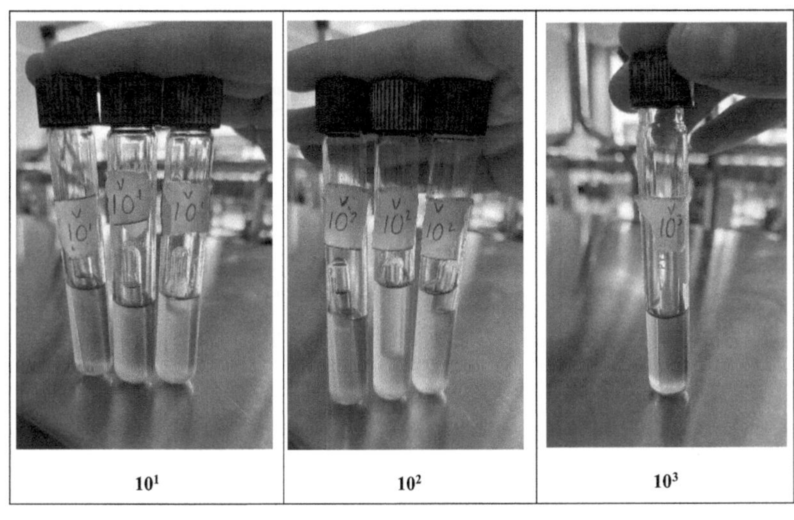

10¹
10²
10³

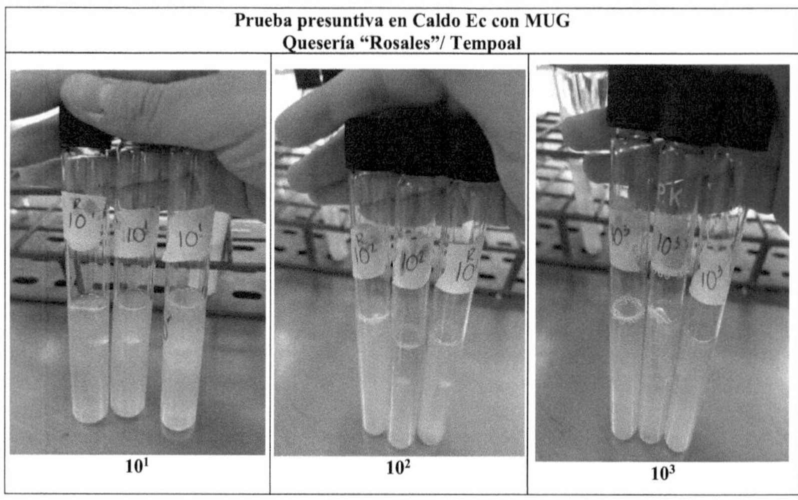

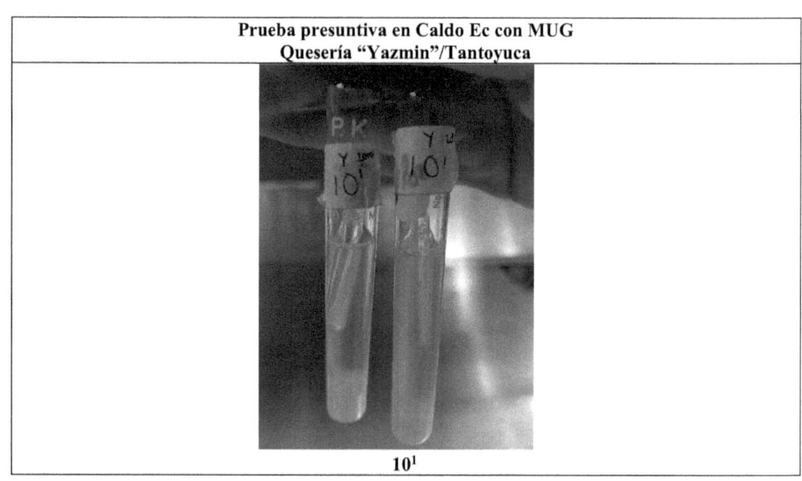

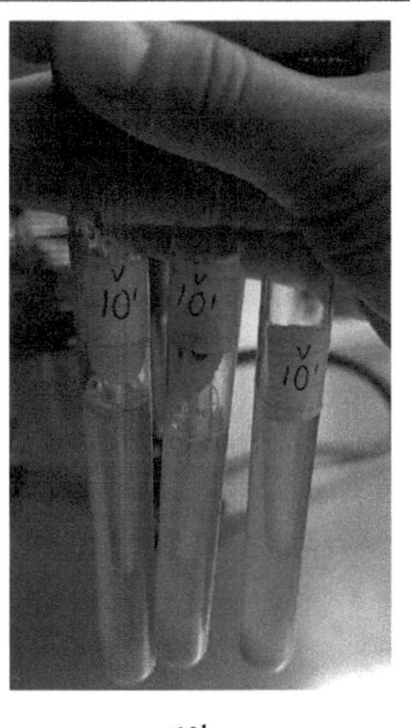

10^1

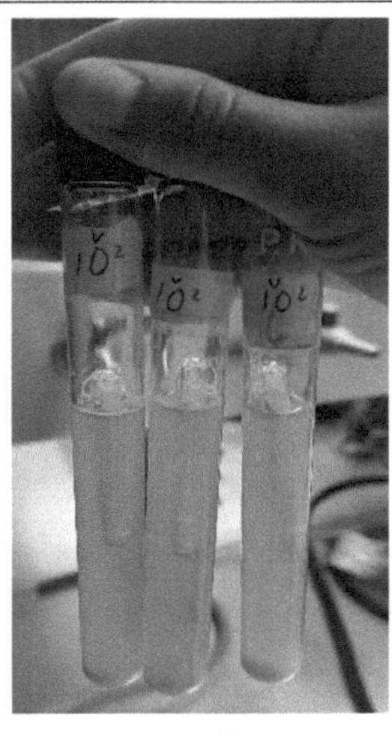

10^2

Prueba confirmativa en agar MacConkey
Quesería "Rosales"/ Tempoal

10^1	10^1	10^1
10^2	10^2	10^2
10^3	10^3	10^3

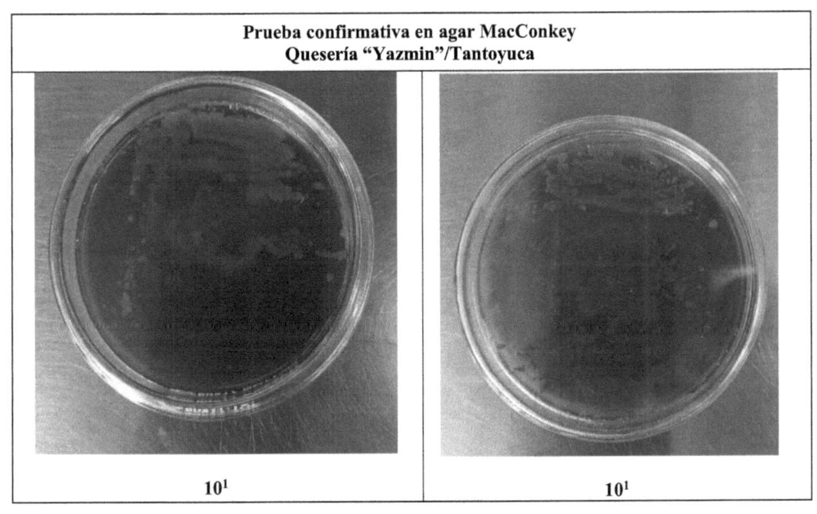

Prueba confirmativa en agar MacConkey
Quesería "Yazmin"/Tantoyuca

10^1

10^1

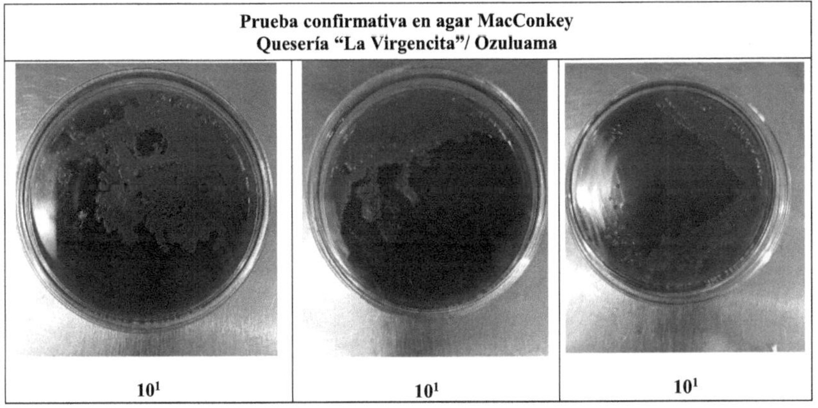

Prueba confirmativa en agar MacConkey
Quesería "La Virgencita"/ Ozuluama

10^1

10^1

10^1

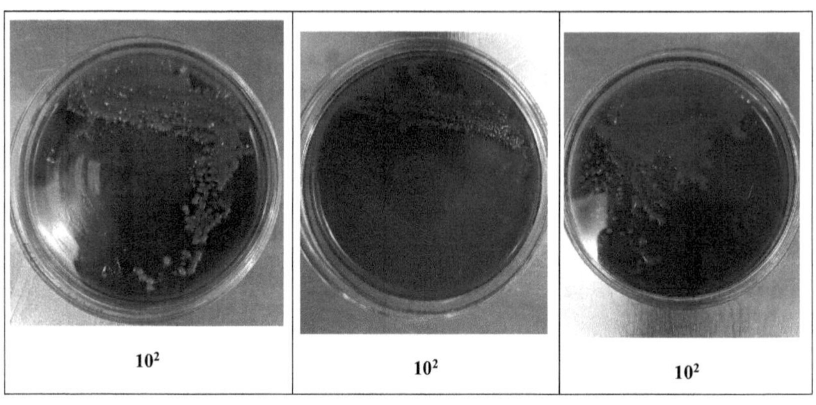

Anexo 7. Evidencias de identificación y aislamiento de *Salmonella spp* en cajas Petri

1er siembra en Agar Salmonella-Shigella de caldo tetrationato y caldo base selenito cistina

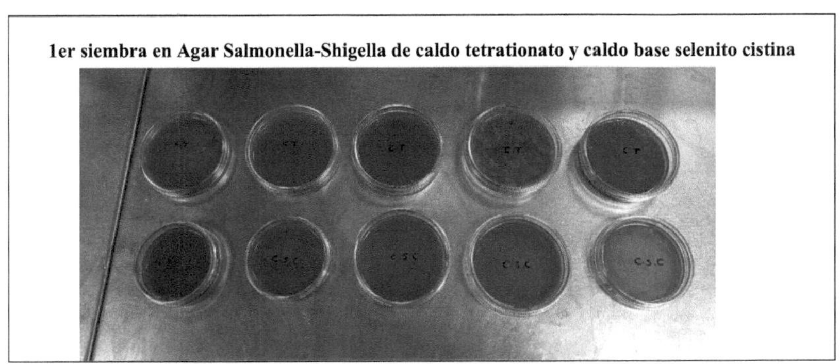

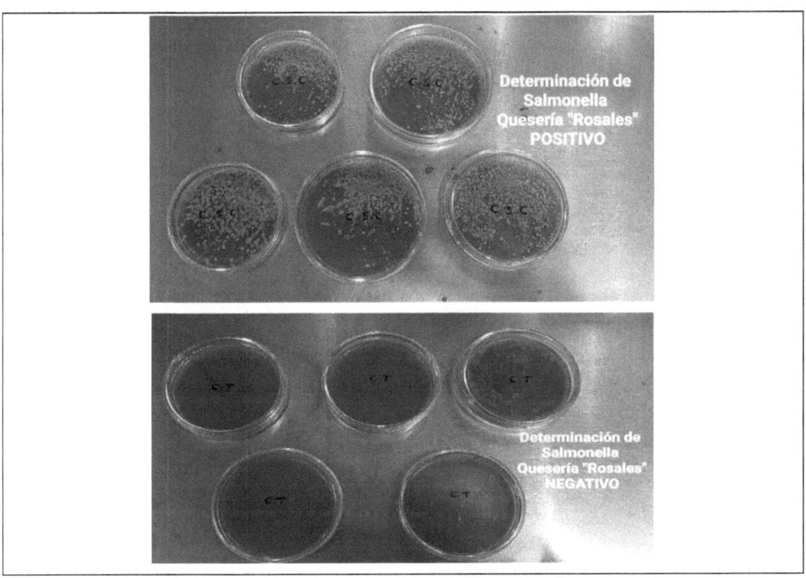
C.S.C
C.S.C
Determinación de
Salmonella
Quesería "Rosales"
POSITIVO
C.S.C
C.S.C
C.S.C
C.T
C.T
C.T
Determinación de
Salmonella
Quesería "Rosales"
NEGATIVO
C.T
C.T

2da siembra en Agar Salmonella-Shigella de caldo base selenito cistina (Positivo)

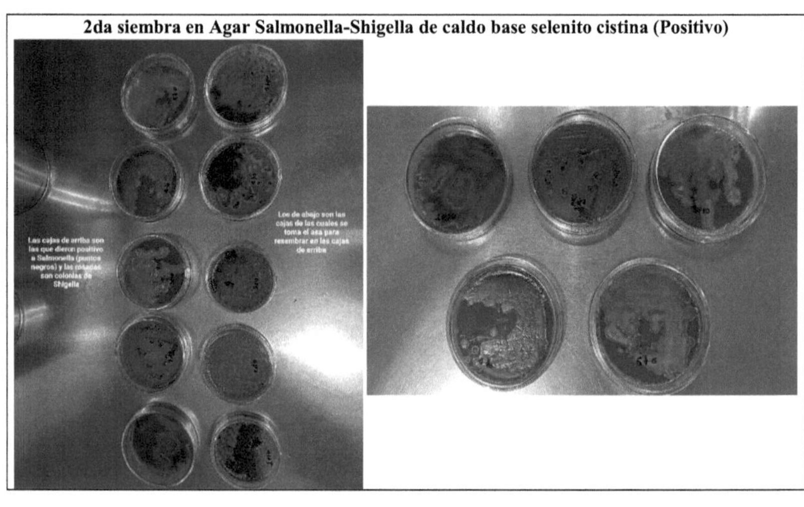

Quesería "Yazmin"/Tantoyuca

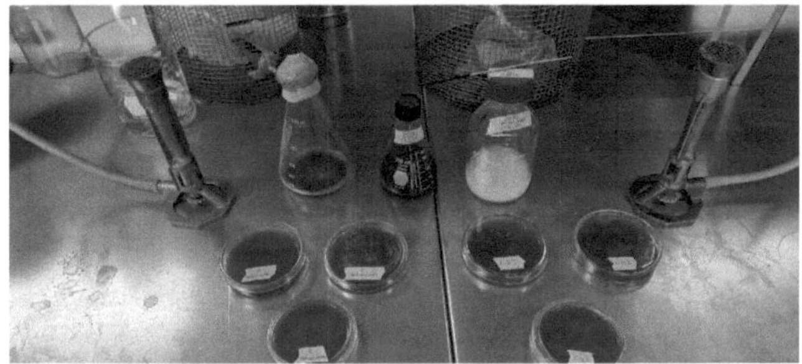

Primer siembra en Agar Salmonella-Shigella de caldo tetrationato y caldo base selenito cistina

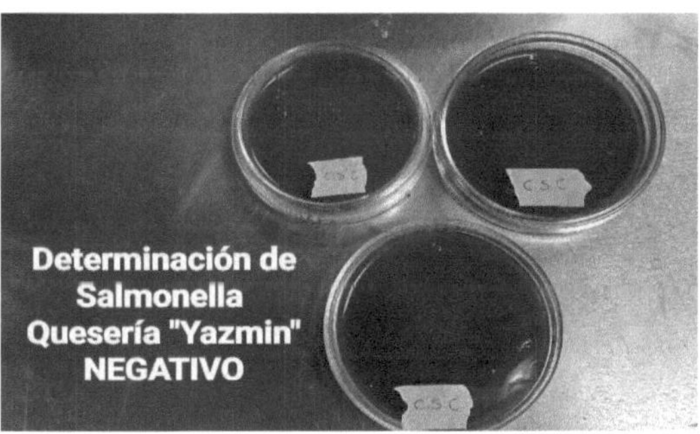

Segunda siembra en Agar Salmonella-Shigella de caldo tetrationato (Positivo)

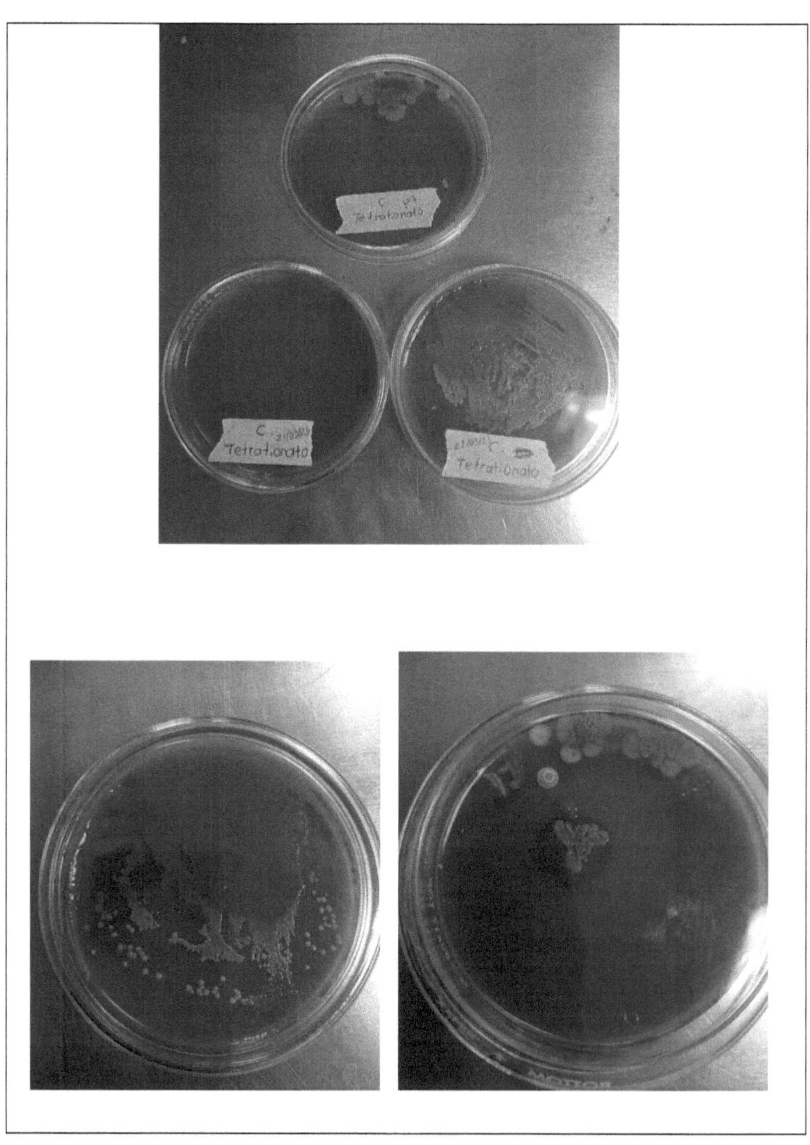

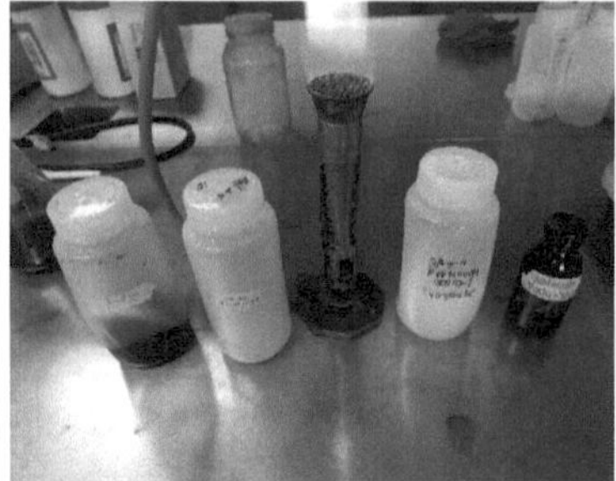

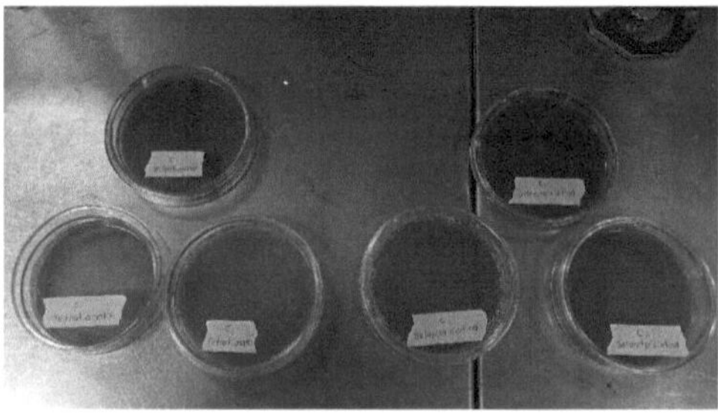

Primer siembra en Agar Salmonella-Shigella de caldo tetrationato y caldo base selenito cistina

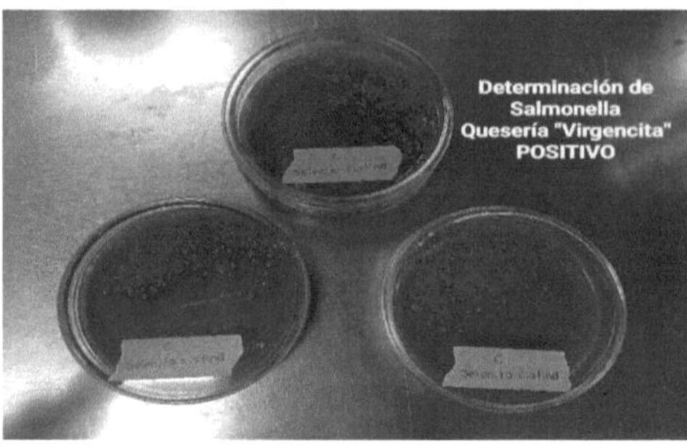

Segunda siembra en Agar Salmonella-Shigella de caldo selenito cistina (Positivo)

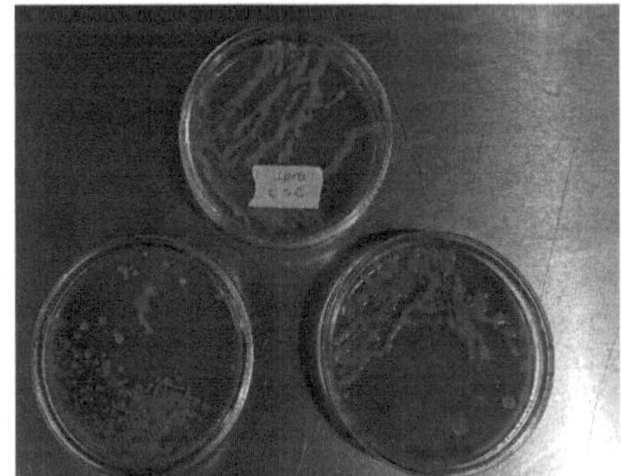

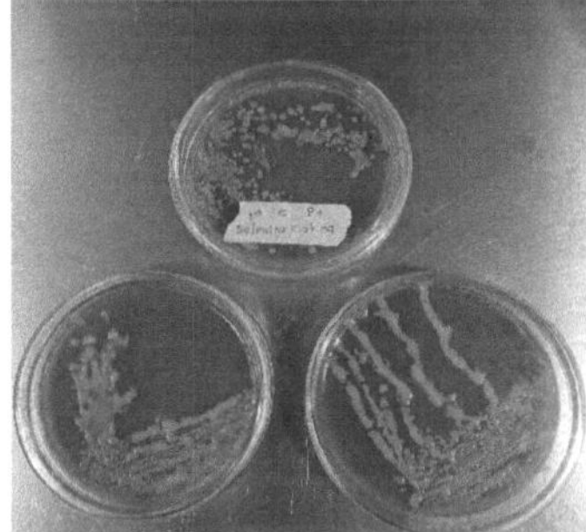

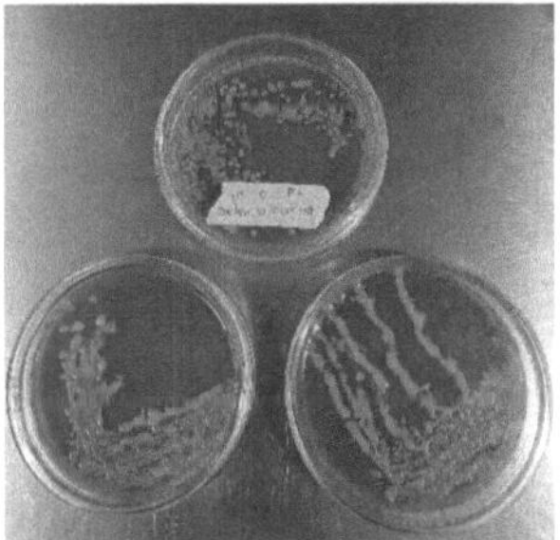

I want morebooks!

Buy your books fast and straightforward online - at one of world's fastest growing online book stores! Environmentally sound due to Print-on-Demand technologies.

Buy your books online at
www.morebooks.shop

¡Compre sus libros rápido y directo en internet, en una de las librerías en línea con mayor crecimiento en el mundo! Producción que protege el medio ambiente a través de las tecnologías de impresión bajo demanda.

Compre sus libros online en
www.morebooks.shop

info@omniscriptum.com
www.omniscriptum.com

Printed by Books on Demand GmbH, Norderstedt / Germany